电力系统应急指挥通信系统

设计与应用

广东电网有限责任公司应急抢修中心　组编

Design and Application
of Emergency Command Communication System
for Power System

中国电力出版社
CHINA ELECTRIC POWER PRESS

内 容 提 要

本书系统地介绍了电力系统应急集群通信技术及配套装备、管理信息系统，并在广东电网应急及检修管理中心建成了国内领先的电力系统应急抢修数字集群通信系统，覆盖广东沿海地区台风、冰冻灾害频发区域的供电局。主要内容包括应急通信概述、应急通信系统架构、现场信息采集与处理、应急通信的无线传输技术、区域应急通信系统、应急通信车和应急融合通信平台。

本书既可作为电力企业生产和管理人员学习借鉴的参考书籍，也可作为在校学生了解电力应急抢修通信技术的参考书籍。

图书在版编目（CIP）数据

电力系统应急指挥通信系统设计与应用/广东电网有限责任公司应急抢修中心组编. —北京：中国电力出版社，2019.2

ISBN 978-7-5198-2942-1

Ⅰ．①电…　Ⅱ．①广…　Ⅲ．①电力系统通信—应急系统—指挥系统—研究　Ⅳ．①TM73

中国版本图书馆 CIP 数据核字（2019）第 023957 号

出版发行：中国电力出版社
地　　　址：北京市东城区北京站西街 19 号（邮政编码 100005）
网　　　址：http://www.cepp.sgcc.com.cn
责任编辑：岳　璐（010-63412339）
责任校对：黄　蓓　郝军燕
装帧设计：左　铭
责任印制：石　雷

印　　刷：三河市百盛印装有限公司
版　　次：2019 年 2 月第一版
印　　次：2019 年 2 月北京第一次印刷
开　　本：710 毫米×1000 毫米　16 开本
印　　张：11.25
字　　数：203 千字
印　　数：0001—1000 册
定　　价：49.00 元

编　委　会

前　言

电力系统为提高供电可靠性和客户满意度，定下在受到台风等自然灾害破坏后 7 天全面恢复供电的目标。台风登陆后 3 天内，是抢修复电的黄金时间，但由于公共通信设施也遭受破坏，导致公网通信方式受到极大限制。目前，电网的应急指挥体系一般为网—省—地—前线指挥部四级模式，而大量的抢修及现场指挥工作集中在前线。前线指挥部需要协调大量的现场抢修人员、支援供电单位的管理人员、其他施工单位人员等，协调难度大，传统的通过拨号呼叫的通信方式不能满足实时性、高效性、灵活性的通信要求。因此，电力应急数字集群通信系统被引入到电力系统大规模应急抢修指挥协调工作中来。经过三年的努力，初步在广东沿海地区建立起一套实验系统，以中心枢纽固定站加分布式自组网设备结合的模式，灵活覆盖沿海地区受灾区域。同时，配套系统的建设，形成了一套有效的人员分组方案及系统快速部署方案，为缩短灾后抢修复电时间，提升前线指挥人员及现场工作人员之间的通信效率。

本书系统地介绍了电力系统应急集群通信技术及配套装备、管理信息系统，并在广东电网应急及检修管理中心建成了国内领先的电力系统应急抢修数字集群通信系统，覆盖广东沿海地区台风、冰冻灾害频发区域的供电局。从应急通信概述、应急通信系统架构、现场信息采集与处理、应急通信的无线传输技术、区域应急通信系统、应急通信车、应急融合通信平台，较完整地描述了一套陆基电力应急数字集群通信技术体系。

本书既可作为电力企业生产和管理人员学习借鉴的参考书籍，也可作为在校学生了解电力应急抢修通信技术的参考书籍。

本书的主要编者来自广东电网有限责任公司应急及检修管理中心（原应急抢修中心）、湛江供电局、茂名供电局、阳江供电局、汕尾供电局、潮州供电局、清远供电局、韶关供电局、佛山供电局、广东省电力信息通信有限公司、海能达通信股份有限公司等单位。在本书的编写过程中，也得到各级电力调度控制中心的相关技术人员大力支持与帮助，在此一并表示感谢。

由于作者水平有限，时间仓促，书中难免存在错误与不足之处，恳请读者批评指正。

编　者

2018 年 12 月

目　录

应急通信概述

近年来，世界范围内频发的自然灾害和突发事件，使应急通信得到更为广泛的关注，应急通信的建设和发展取得成效，但是由于应急通信系统的建设工作和管理工作是一个复杂的系统工程，很难一蹴而就，其需要一个长期发展和不断完善的过程。

面对突如其来的自然灾害或应急事件，最为迫切的要求是恢复最低标准的通信链路，用于指挥和协调应急救援，并允许受灾人员与外部进行沟通。通常，自然灾害或认为大规模恐怖袭击等事件发生后，基于固定基础设施的通信系统和网络及供电系统可能遭受严重的破坏，在这种情况下要建立通信保障，必须考虑应急需求的特殊性，即事件的突发性、地点的不确定性及容量的不可预期性等；同时还必须考虑其应急通信系统在复杂的条件下的生存能力和便于灵活地组织应用。因此，应急通信与一般的通信系统相比会涉及更广泛的研究领域和职能部门，通过合理组织、运用各种通信技术和手段，在应急通信框架内互为补充，提升灾害的回复能力和救援效果。

1.1 应急通信的概念

应急是指一种要求立即采取行动的状态，以避免事故的发生或减轻事故的后果。应急通信可以定义为，为应对自然或认为突发性紧急情况，综合利用各种通信资源，为保障紧急救援和必要通信而提供的一种暂时的快速响应的特殊通信机制。应急通信系统则是能够满足这种特殊机制需求的专用通信系统。为应对公共安全和公共卫生事件、大型集会活动、救援自然灾害、预防恐怖袭击和其他众多突发事件而构建的专用通信系统，都可以纳入应急通信系统范畴。应急通信的需求不同，使用的技术手段也不同。

应急通信是应急体系的重要组成部分，是国家应急保障的关键基础设施之一，在应急管理中发挥越来越重要的作用。应急通信可以为各类紧急情况提供及时有效的技术保障，直接决定了应急响应的效率。为应对突发性公共安全事件，应急通信的基本要求是，建立健全应急通信和应急广播电视保障工作体系，完善公用通信网，建立有线和无线相结合、基础网络和机动通信系统相配套的应急通信系统，确保通信畅通。

从网络类型看，应急通信的网络涉及固定通信网、移动通信网、互联网等公用电信，卫星通信网、集群通信网等专用网络，以及无线传感器网络、宽带无线接入等末端网络。

应急通信的开展可以依赖专网和公网。专网在应急通信中基本用于指挥调度，如卫星通信、微波通信、集群通信等。而公网，如固定通信网、移动通信网、互联网等，基本用于公众报警、公众之间的交流以及政府对公众的安抚与通知等。近年来，利用公网支持优先呼叫成为一种新的应急通信指挥调度实现方法，公网具有覆盖范围广等优点，政府应急部门可以临时调度运营商公网网络资源，通过公众通信网提供应急指挥调度，保证重要用户优先呼叫，如美国的政府应急电信业务、无线优先业务。公网支持重要用户的优先呼叫，逐渐成为应急通信领域新的研究热点。

从业务类型看，应急通信所涉及的业务类型包括语音、短消息、数据、图像、视频等。从技术角度看，应急通信不是一种全新的通信技术，而是综合应用多种通信技术，在不同场景下，多个技术加以组合和应用，以满足应急通信需求。对于各类通信技术来说，应急通信是一种特定的业务和应用，在管理方面要针对不同场景建立快速响应机制，协调调度最合适的通信资源，提供及时有效的通信保障，以建立完善的应急通信管理体系。可靠的应急通信保障体系既要包括技术层次上的网络安全系统，又要包括管理层次上的应急组织保障体系。

应急通信能力对于快速有效的应急响应至关重要，以保持在应急救援行动中各类人员的信息联络持续畅通。应急响应（指挥）中心是应急通信系统的核心，是联系其他各级机构和人员的纽带。应急中心的选址要精心考虑，避免在灾难中遭受破坏。但是，有时往往难以保障应急中心和现场救援人员之间的通信联络在救援时始终畅通。为此，在应急区域附近可设立临时的应急事件指挥所，负责对应急事件的影响、损失和恢复情况进行定期评估，维护和控制通信联络，确定救援策略，制订行动计划并合理分配资源。

1.2　应急通信的特点及应用需求

1.2.1　应急通信的特点

由于突发事件本身的不确定性，不同于常规通信，应急通信场景众多、环境复杂多变，具有时间突发性、地点不确定性、通信设施受损程度的随机性、地理环境的复杂性、通信容量需求的不可预测性、通信保障的业务多样化、现场应用的高度自主性等显著特点。

（1）时间突发性：对自然灾害和公共事件进行预测是比较困难的，因此大多数紧急事件的发生具有时间不确定性从而造成应急通信也具有时间不确定性，使人们无法预知什么时候需要应急通信。例如，汶川"5·12"大地震和"9·11"事件的发生时间就具有明显的突发性。少数情况下，人们虽然可以预知需要应急通信的大致时间，但是却没有充分做好应急通信的时间，如重要节假日、重要赛事、重要会议和军事演习等。

（2）地点不确定性：大多数情况下，突发事件发生的地点具有不确定性，人们无法预知地震、大型火灾和水灾、瘟疫及一些恐怖活动的发生地点。从某种意义上说，任何一个地方均有可能发生突发事件，而地点的不确定性带来的问题是区域地理特征的明显差别，如山区、沙漠、沿海、城市、岛屿等，这对于通信保障要求均有不同。应急通信设备可能通过车辆、人、牲畜等方式到自然灾害现场，因此需要对设备的体积、质量结构等参数有严格的要求；同时自然灾害所在的区域环境可能非常严酷，所以通信设备也要考虑能满足在严酷的环境下通信；另外自然灾害现场还要考虑到通信设备的供电问题。只有在少数情况下，可以确定实施应急通信的具体地点，如城市的高话务区域、2008年的北京奥林匹克运动会、2010年的上海世界博览会等。在这种情况下，政府或企业可以提前派驻和组建一些应急通信设备，如移动应急通信指挥车等应对话务高峰。

（3）通信设施受损程度的随机性：在发生破坏性的自然灾害时，如飓风、地震，通信基础设施可能受到损坏而使网络陷入瘫痪。而另外一些突发事件虽然严重，但对通信基础设施的影响很小，如公共卫生事件。

（4）地理环境的复杂性：应急通信面临地点不固定、地形地貌的复杂多变，如海边、山区、城区、地下等；环境复杂，有时伴有有害物质，如放射性、有毒气体等，这对应急通信设备的环境适应性和使用人员的现场安全性也提出了特别要求。

（5）通信容量需求的不可预测性：突发事件发生期间，通信容量需求剧增，人们无法预知需要多大的容量才能满足应急通信的需求。局部出现的大量通信流量，话务会造成网络拥塞，并且通信流向往往是汇聚式的，即大量通信业务流向特定的地区，如应急事件处置中心。

（6）通信保障的业务多样化：在日常通信中，有数据、语音、图像、视频及多媒体业务等，在突发事件发生时，应该保障哪方面的业务呢？很明显，保障业务越多设备就越复杂。而在电信基础设施破坏的情况下，构建系统时间越长，对设施突发事件的处理就越不利，在处理紧急事件时，反应时间要快，同时要全面而准确地掌握突发事件的信息，所以需要对传输网络进行合理的折中，利用现场一切可利用的传输网，建立信息孤岛与外界的通信链路，保证通信畅通，满足语音、数据和视频图像等也都实时传输。

（7）现场应用的高度自主性：在部分灾害现场，很多通信是发生在灾害现场的封闭区内，要求应急通信系统能够自成体系，不仅能提供与外界的联系，还能保障现场通信需求。

1.2.2　应急通信的应急需求

应急通信是为各类个人紧急情况或公众紧急情况而提供的特色通信机制，不同紧急情况对应急通信有不同的需求，为了达到不同的目标，所采取的应急通信技术手段、管理措施也不相同。当应急呼叫被接收后，分属不同部门的移动设备和人员被送往应急区域。救援人员立即寻找需要救助的人员。同时，救援人员必须为保证各种任务而建立通信链路，如满足相应职能部门数据传输需求，从医院数据库中调取受伤人员的相关医疗资料等。此外，应急区域附近不同部门救援分队之间通过通信信道建立合作机制，有利于应急行动的相互协调。因此，希望应急通信系统能够根据不同的需求和性能目标进行广泛而有效的集成应用。

1．应急通信的网络和设备需求

相对于正常网络，应急通信对网络和设备提出了更高的要求。

（1）组网灵活：可根据应急通信的范围大小，迅速、灵活地部署设备、构建网络。

（2）快速布设：无论是基于公网的应急通信系统，还是基于专用的应急通信系统，都应该具有能够快速布设的特点。在发生可预测的事件时，如大型集会、重要节假日景点活动等，通信量激增，基于公网的应急通信设备应该能够按需迅速布设到指定区域。在破坏性的自然灾害面前，留给国家和政府的反应时间会更短，这时应急通信系统的布设周期会显得更加关键。

（3）小型化：应急通信设备需要具有小型化的特点，并能够适应复杂的物理环境。在地震、洪水、雪灾等破坏性的自然灾害面前，基础设施部分或全部受损，便携式的小型化应急通信设备可以迅速运输、快速布设，可以快速建立和恢复通信。

（4）节能性：由于通信对电力有很强的依赖性，某些应急场合电力供应不健全甚至完全没有供电，完全依靠电池供电会带来诸多问题。因此，应急通信系统通常需要自备电源，并尽可能地节省电源，保证系统长时间、稳定地工作。

（5）简单易操作：应急通信系统要求设备简单、易操作、易维护，且能够快速地建立、部署、组网；要求操作界面友好、直观，硬件系统连接端口越少越好；要求所有接口标准化、模块化，并能兼容现有的各种通信系统。

（6）具有良好的服务质量保障：应急通信系统应具有良好的传输性能、语音/视频质量等，并且网络响应迅速，可快速建立通话，能针对应急所产生的突发大话务量做出快速响应，保证语音畅通和应急短消息的及时传播。

2．应急通信的服务需求

典型的应急通信服务需求包括以下几种。

（1）视频传输。为了应急响应行动，应急响应人员通常需要分发重要信息。这时，可能需要实时将视频传输至指挥/控制中心。典型的场景包括火灾现场视频传输到消防部门指挥中心或是附近分布的消防员；另一个场景是抗议示威集会、游行，当暴力事件发生时能将实时视频传输至警察部门。电力抢修可以把抢修的现场情况实时回传到电力调度中心。

（2）音频/语音。过去十几年间，在两个同等用户之间已建立稳固的语音服务应用，以支持公共安全操作。陆地移动无线电（Land mobile radio，LMR）提供半双工操作，需要用户按键说话。同时，公共安全通信体系正努力实现全双工公共安全语音传输服务。影响语音质量的因素包括以下几种。

1）相关数据包的丢失（当为零时，包的丢失是随机的）。

2）数据包丢失率。

3）根据使用网络的类型（如 IP）数据包大小的变化。语音质量同时依赖于所使用的压缩算法。

（3）按键通话。按键通话是一种允许两个用户之间通过半双工方式进行通信的技术。通过按键，控制语音接收和发送模式的转换。按键通话工作于"步谈"模式，具有许多特点和优势。

1）瞬时链接：通过按键，用户能够瞬时建立链接，而不需要拨号或是等待链接建立。

2）群通话：通过注册按键通话群服务，形成用户群，一个用户说话，群中其他用户能够同时听见他的声音。

3）节约成本（与 3G 的 SMS 相比）：使用按键通话，信息能够同时分发到多个用户。

按键通话技术的前两个特点（瞬时链接和群通话），在应急情况下非常重要，应急人员能够通过按键通话快速建立链接，进行正常通信。基于蜂窝的按键通话在移动通信中提供按键语音通话服务；基于半双工的 VoIP（Voice over internet protocol IP 电话）技术，则提供点到点及点到多点的通信链接。

（4）实时文本信息。应急状态下，对于警示信息分发，文本信息是一种有效、快捷的解决方案。典型的应用包括个人向警察报告可疑的人或行动；受灾人员与亲属之间进行沟通；政府部门向公众发布可能的灾害信息（如飓风、火灾、洪水）等。

典型的文本信息可能是短消息业务（Short message service，SMS）、E-mail 或瞬时信息等。实时文本信息的发布，对数据率的需求并不高，28kbit/s 的速率即可满足这种应用类型。

（5）定位和状态信息。定位和状态信息是非常重要的。在应急事件中，受灾人员的位置能够引导救援人员提供即时的医疗救助。可以通过使用多项技术，获取定位信息。例如，4G 网络能够提供比 3G 网络更为精确的定位信息，原因在于 3G 网络仅使用全球定位系统（Global positioning system，GPS）技术，其精度有限。通过诸如射频识别（Radio frequency identification，RFID）标签等手段，能够为受伤人员、设备及医护人员提供必要的定位信息，从而增强救援效能。同时，GPS 技术为室外环境提供定位信息，而射频识别标签和基于 Wi-Fi 的定位系统可应用于室内环境。

状态信息是关于在应急区域内各目标的多个类型的状态。例如，针对公共安全服务，传感器网络能够广播有关环境温度、水位等相关信息。在应急状况下，医护人员在受伤人员身上放置 RFID 追踪器，能够根据他们的危险程度（如生命危险、受伤严重等）进行分类。

（6）广播和多路广播。广播能够将信息传输到所有用户，而多路广播能够将信息传送至一个用户群。两个功能都能增强公共安全和救援行动。例如，银行外的可疑行动能够触发实时视频监控，并通过多路广播的形式将信号传输到附近警车。

1.3　应急通信的发展

应急通信技术的发展是以通信技术自身的发展为基础和前提的。常规通信发展得很快，但大部分应急通信系统由于网络规模小、用户数量小、使用频度低，并且由于应急通信的公益性，其投入并不能直接产生经济效益，应急通信技术手段相对落后，整体水平滞后于常规通信。

通信技术经历了从模拟到数字、从电路交换到分组交换的发展历程，而从固定通信的出现，到移动通信的普及，以及移动通信自身从 2G 到 3G 甚至 4G 的快速发展，直至步入到无处不在的信息通信时代，都充分证明了通信技术突飞猛进的发展。如今的通信技术已经从人与人之间的通信发展到物与物之间的通信。常规通信的发展使应急通信技术也取得了巨大的进步。应急通信作为通信技术在紧急情况下的特殊应用，也在不断地发展，应急通信技术手段也在不断进步。出现紧急情况时，从远古时代的烽火狼烟、飞鸽传书，到近代电报电话、微波通信的使用，步入信息时代后，应急通信手段更加先进，可以使用传感器实现自动监测和预警，使用视频通信传递现场图像，使用地理信息系统（Geographic information system，GIS）实现准确定位，使用互联网和公用电信网实现告警和安抚，使用卫星通信实现应急指挥调度。针对各种不同的紧急情况，会应用不同的通信技术。

1.3.1 国外应急通信系统

1．卫星通信系统

由于卫星具有不受地理环境限制、覆盖范围广、无线连接等优势，其成为紧急情况下通信保障的重要手段。在紧急情况下，通信卫星、广播卫星、导航卫星和遥感成像卫星等都能够发挥重要的应急通信作用。例如，通信卫星可以在紧急情况下为广大用户提供语音、数据、视频等多媒体服务；广播卫星可帮助政府开展预警信息颁布、灾情信息发布、安抚受灾群众等工作；导航卫星可帮助地面救援队伍和受灾用户进行准确的定位，提高救援效率；遥感成像卫星可对受灾地区实时监控，获取受灾地区的图像，了解灾情。北美地区比较知名的卫星系统有卫星通信系统、全球定位系统、全球星通信系统、快鸟遥感成像卫星、加拿大阿尼克卫星通信系统等。此外，还有大量的卫星系统建成或计划建设，这些系统在灾害或突发事件情况下都可能为通信保障工作贡献力量。欧洲卫星通信技术的发展和系统建设虽然与美国相比还有一定的差距，但也处于国际领先地位，欧洲各国独立或合作建设了很多高性能的卫星通信系统，这些系统在紧急情况下可以提供如预警/灾情卫星广播、指挥调度通信、抢险救援导航定位、获取灾情遥感卫星图像等能力，其中 Hot Bird、伽利略、SkyBridge、SPOT 遥感成像等卫星系统为广大用户所熟知。日本移动广播公司和韩国的 TU Media 公司合作发射的移动广播卫星，在紧急情况下，可以向位于家中、汽车、火车、海上的用户及个人手持终端用户及时地颁布预警信息，并在灾害发生后颁布灾情和政府的指导/安抚消息。日本三菱重工制造的 KIZUNA 宽带多媒体通信卫星系统提供的高速数据传输能力，可以应用于远程医疗、远程教学、紧急救援、灾害中的应急通信等领域。

2．基于公用电信网的应急通信

公用电信网是目前用户最多、影响最大，也是广大公众最容易获得的通信方式，因此在突发事件或灾害处置中，基于公用电信网的应急通信能力保障尤为重要。在公用电信网没有遭到破坏的情况下，它是政府与政府、政府与公众及公众与公众之间实现应急通信的最有效手段。北美各国都非常重视基于公用电信网的应急通信系统的建设，如美国覆盖用户最广的应急通信系统——911 电话报警系统，以及为保证紧急情况下特殊用户通信能力的美国政府应急电信服务（Government emergency telecommunications service，GETS）、无线优先服务（Wireless priority service，WPS）业务等计划。另外，除 GETS 和 WPS 之外，美国还通过电信优先服务（Telecommunications service priority，TSP）、商用网络抗毁性计划和商用卫星通信互连计划等措施，实现在紧急情况下公用电信网的恢复、临时替补等计划，并对重要用户（如政府、救援机构、重要人员）的优先服务，包括对传输线路的优先配置与恢复、无线优先接入等措施。目前，电信行业正在研究基于 IP 网的优先服务。欧洲国家很早就开始建设基于公用电信网的应急通信系统，英国 999 报警系统是世界上最早利用公用电信网实现紧急情况下应急报警的系统之一。近年来，为满足公众不断提高的社会服务需求，基于公用电信网的应急报警系统不断整合并完善功能，逐步向应急联动系统方向发展。欧洲目前正逐步建立并完善适用于全欧洲范围的 112 应急联动系统，采用开放、多技术融合的技术实现方案，以方便欧洲联盟成员国原有应急通信系统的有效接入，并利用各种先进技术如固定/移动通信、GPS、专业移动收音机等为公众提供可靠、安全的服务，部分成员国甚至建立了专为聋哑人报警的公共平台，并逐渐得到欧洲公众的认可。在突发事件发生时，公用电信网除了为公众提供报警通信外，欧洲主要城市在利用公用电信网实现应急通信方面也制定了相应的机制和策略，如伦敦政府启动了"访问过载控制"机制，是英国政府为应对突发公共事件情况而制定的临时性通信管制措施，确保关键部门通信畅通。另外，伦敦市也在尝试推广一些新的应急通信服务，如在特定情况下，重要用户（如政府、军队、金融等部门）发生通信中断，运营商可以通过调用用户附近的交换局备用端口和备用线路，在规定时间内帮助特定用户快速恢复通信，从而保证重要部门和用户在突发事件等情况下的通信畅通。为缓解突发事件或灾害发生时造成的公用电信网拥塞，以及部分公用电信网设施（如基站、光缆、机房等）的损坏造成通信网络瘫痪或不可用，日本政府建议普通用户在紧急情况下使用手机短信通信或缩短通话时间，并鼓励公众用户利用互联网传递信息，通过这种机制，减少突发事件或灾难发生情况下的通信网络拥塞情况，也最大程度上保证了公众用户传递基本消息的需求。另外，日本研究机构还推出了一种多路接入系统，在突发事件或灾害情况下，帮助各运营商共享通信基站资源，进而实现在紧急情况下跨运营商通信资源的统一协调和调度，最大限度地利用现有网络资源，保证更多用户的通信需求。除了上述公用电信网应急通信保障基本措施外，日本政府还努力推行新技术、新方法的应用，包括手机定位和手机邮件的应用、移动式无线应急基站的应用、广播通信方式在应急通信中的应用、留言电话功能在应急通信中的应用、无线射频技术的应用、互联网在应急通信中的应用等，从而加强突发事件应急通信能力的建设。

3．集群应急通信系统

集群通信系统作为专用网络，其网络覆盖范围要小于卫星通信网和公用电信网，但集群通信系统具有组网灵活、响应速度快、群组通话方便等特点和优势，非常适用于紧急情况下的应急指挥调度、抢险救灾等工作。北美地区应用最广泛的集群通信标准是美国 Motorola 公司研制的集成数字增强型网（integrated digital enhanced network，iDEN），通过降低交换机价格、不断升级软件版本增强其业务提供能力及准确的市场定位和业务特种差异化，使 iDEN 在美国得以迅速发展。美国 Nextel 公司通过即按即通 push to talk、PTT、数字蜂窝、文本消息和数据等业务组合获得大量用户，并于 2003 年第 3 季度，实现了 iDEN 全美覆盖，获得了企业用户、政府、警察、指挥调度、应急救援等部门和机构的青睐。目前，iDEN 在全球范围内得到了广泛应用。此外，美国 APC025 和加拿大数字综合移动无线电系统等数字集群标准在特定领域中都具有一定的市场。欧洲最具代表性且应用最广泛的数字集群标准是由欧洲电信标准协会于 1995 年正式公布的全欧集群无线电（Trans european trunked radio，TETRA）。TETRA 系统最初是针对欧洲公共安全的需求而设计开发的，非常适用于特殊部门（如政府、军队、警察、消防、应急救援、突发事件管理等机构）的现场指挥调度活动。TETRA 市场的行业分布主要包括公共安全、交通、公用事业、政府、军事、石油、工业用户等。欧洲有很多国际化公司陆续推出了 TETRA 设备，如法国 EADS 公司的 TETRA 系统、意大利 SELEX 公司的 Elettra 系统、德国 A/S 公司的 Accessnet 系统、德国 Siemens 公司的 Accessnet 系统、荷兰 Rohil 公司的 TETRA-Node 系统、西班牙 Tettronic 公司的 Nebula 系统等。在全球其他国家和地区，还有着更多规模的 TETRA 产业群，TETRA 系统已经形成了规模庞大的产业链和产业群体。而在国内以海能达作为组长单位制定的 PDT 系统，是根据国内的环境国情制定的。目前主要应用在公安系统中。

4．专用应急通信系统

从目前世界各国军事通信系统建设情况看，美国的军事通信系统配置最完整、技术最先进，涵盖了空间、陆地、海上多个空间维度，使用了高、中、低不同的频率范围，形成了能够满足陆、海、空不同兵种通信需求的先进专用通信系统。在紧急情况或战备情况下，可以支撑军队做出快速应急反应，并为相关政府部门提供应急通信支持。美国建立的国防通信系统由自动电话网、自动数字网、自动保密电话网组成，用以满足军方日常管理和协调调动需要，主要保障美国总统同国防部长、参谋长联席会议、情报机关、战略部队的通信联络，保障国防部长与各联合司令部和特种司令部的通信联络。此外，还为固定基地、陆、海、空军机动部队提供中枢通信网络。在卫星通信方面，美国军方建设了覆盖广、能力强大的卫星通信系统，如 MUOS、UFO、MILSTAR、AEHF、DSCS、GBS、AWS 等。除民用卫星通信系统外，欧洲也建设了一系列军用卫星通信系统，服务于军队日常通信和紧急协调，同时也是政府相关机构紧急情况下通信保障的重要补充手段。英国天网（Skynet）卫星系列、法国锡拉库斯（SYRACUSE）卫星系列都是其中具有代表性的卫星系统。日本在应急通信专用网络建设方面，积累了丰富的经验并取得了丰硕的成果，目前，已建立了中央防灾无线网、消防防灾无线网、防灾行政无线网、防灾相互通信网等应急通信网络，已形成完整的应急防灾通信体系。另外，日本针对不同专业或部门的需求，建设了多个专用通信网络如水防通信网、警用通信网、防卫通信网、海上保安通信网及气象专用通信网等。同时，日本近年来逐渐突破第二次世界大战后日本军事发展相关协议，开始推动军事侦察卫星的发展，2003 年～2007 年，日本先后发射 4 颗军事侦察卫星，其中两颗为 1m 分辨率的光学成像侦察卫星，另两颗为 1～3m 分辨率的合成孔径雷达成像侦察卫星，具有全天时、全天候、全球范围的侦察能力，这些卫星以全球范围的侦察和监视为主要目的，在紧急突发事件情况下也可为应急指挥部门提供灾害现场的高空图像信息。

1.3.2　国内应急通信的发展

1. 国家级法规的建设

我国地域辽阔、人口众多，自然灾害频发，突发事件形式多样，为有效开展应急管理和救援，颁布了一系列法律、法规，应急管理的法律体系正逐步走向完善。

2005 年 4 月 17 日国务院以国发〔2005〕第 11 号文出台了《国务院关于实施国家突发公共事件总体应急预案的决定》，其中公布了《国家突发公共事件总体应急预案》，明确了突发性公共事件是指突然发生，造成或者可能造成重大人员伤亡、财产损失、生态环境破坏和严重社会危害，危及公共安全的紧急事件，是全国应急预案体系的总纲，明确了国务院是突发公共事件应急管理工作的最高行政领导机构，并设国务院应急管理办公室为其办事机构。进一步强化了建设城市应急综合信息系统的迫切性要求。从此，我国的城市应急平台的建设进入实质阶段。

2006 年国务院发布了《国家突发公共事件总体应急预案》。根据国家规定，国务院和各省已分别成立国家和省政府应急管理办公室，部分市也已建立了地方应急管理常设机构。2006年6月15日出台的《国务院关于全面加强应急管理工作的意见》把"推进国家应急平台体系建设"列为"加强应对突发公共事件的能力建设"的首要工作，明确指出"加快国务院应急平台建设，完善有关专业应急平台功能，推进地方人民政府综合应急平台建设，形成连接各地区和各专业应急指挥机构、统一高效的应急平台体系。"应急平台建设成为应急管理的一项重要基础性工作。

2006年1月24日信息产业部出台了《国家通信保障应急预案》，明确了应急通信任务是通信保障或通信恢复工作，应急通信主要服务对象是特大通信事故，特别重大自然灾害、事故灾难，突发公共卫生事件、突发社会安全事件及党中央、国务院交办的重要通信保障任务。该预案明确了原信息产业部设立国家通信保障应急领导小组，下设国家通信保障应急工作办公室：负责组织、协调相关省（区、市）通信管理局和基础电信运营企业通信保障应急管理机构，进行重大突发事件的通信保障和通信恢复应急工作。

我国对于公共安全及应急联动综合信息系统的关注由来已久。1999年曾提出在中国的城市也要建立类似美国911应急系统的城市应急联动系统。2002年1月，广西南宁市建成了我国第一个应急联动中心，该项目总投资1.6亿元，覆盖南宁市辖区10029km^{2}的公安110、消防119、急救120、交警122、防洪、护林防火、防震、人民防空、公共事业、市长公开电话等领域的社会应急联动指挥、调度系统。建设内容包括接警中心、处警中心、指挥中心、无线通信平台、无线基站、微波传输系统、现场快速部署应急车载通信系统、市长公开电话网络及其他配套设施。2004年，城市应急联动综合信息系统成为各省市的工作重点，在短短的两三个月内，众多城市都开始上马应急联动，公安110报警电话将扩容成全市各类应急电话的联动中心。

业界对于应急通信有以下几种典型的描述。

《中华人民共和国突发事件应对法》中的第三十三条：国家建立健全应急通信保障体系，完善公用通信网，建立有线与无线相结合、基础电信网络与机动通信系统相配套的应急通信系统，确保突发事件应对工作的通信畅通。

《中华人民共和国电信法（草案征求意见稿）》中的第八十四条：电信主管部门应当建立健全应急通信保障体系，建设有线与无线相结合、基础电信网络与机动通信系统相配套的应急通信系统，确保应对突发事件的通信畅通。电信主管部门对应急通信保障工作进行统一部署的协调，必要时可以调用各种公用电信设施和专用电信设施。

《国家突发公共事件总体应急预案》中的 4.9 通信保障：建立健全应急通信、应急广播电视保障体系，完善公用通信网，建立有线和无线相结合、基础电信网络与机动通信系统相配套的应急通信系统，确保通信畅通。

2．我国应急通信的建设

我国应急通信系统建设工作自 20 世纪 90 年代以来得到了较快的发展，并在卫星通信系统、基于公共电信网的应急通信设施、集群通信系统和部分专用通信系统等方面取得了一定的进展。

（1）目前乃至今后一个时期，我国正在和即将建设以国务院应急平台为核心的，覆盖全国 31 个省、直辖市、自治区，5 个单列市和新疆生产建设兵团，以及国家各个职能部委的国家应急平台体系，从而形成对全国范围内重大突发公共事件的预防预警、快速响应、全方位监测监控、准确预测、快速预警和高效处置的运行机制与能力。我国第一个城市应急联动系统——南宁市城市应急联动系统于 2001 年 11 月开始运行，2002 年 5 月向市民提供报警求助及处置突发公共事件的服务。已建城市应急联动系统的还有北京、上海、天津、重庆、深圳、潍坊等城市；正在建设中的有南京、广州、杭州、济南、成都、西安、扬州等城市。据有关分析，我国有望在 15 年内建成一个全国性的城市应急联动系统。

（2）国务院各部委和直属单位都建立了应急通信设施。我国政府各部委和直属单位根据其单位职能和特点都建立了应急通信设施，其中中华人民共和国工业和信息化部、中华人民共和国公安部、中华人民共和国民政部、中华人民共和国水利部、中华人民共和国铁道部、中华人民共和国交通运输部、中华人民共和国卫生部、国家广播电影电视总局、中国气象局、中国地震局、国家安全生产管理总局、中国民用航空局、新华通讯社等各自依据其业务特点都建立了技术较先进、功能较完备的应急通信设施。

（3）各基础电信运营商都强化了应急通信设施。我国现有三大基础电信运营商中国移动通信集团公司（简称中国移动）、中国电信集团有限公司（简称中国电信）、中国联合网络通信集团有限公司（简称中国联通）各自依据其特点建立了应急通信设施。特别是在经历 2008 年汶川大地震后都很重视卫星通信在应急通信中的地位和作用，如中国移动在全国范围内正在建设 1503 个含有卫星通信线路的"超级基站"。目前，中国电信有 7 个国家级的大区机动局、14 个省级的机动局，中国联通有 5 个机动局，应急通信设备覆盖全国 31 个省和直辖市，主要装备包括卫星、交换、传输、短波、移动、应急、通信设备等 9 大类，共有 30 余种。

（4）我国卫星运营商拥有丰富的卫星资源，可提供应急通信应用。中国卫星通信集团公司和亚洲卫星公司现共有 11 颗在轨运行的 C 和 Ku 频段卫星，这些卫星除了平时提供商业服务外，一旦应急通信需要，可以快速地调配转发器带宽提供应急通信使用。其中，卫通公司还承担并完成了潍坊市城市应急联动与社会综合服务系统示范工程的建设和开通运行任务。

（5）国外卫星移动通信系统在我国应急通信中得到充分利用。现为我国提供卫星移动通信业务的有国际海事卫星系统和全球星系统。在中国地区的业务，前者由北京船舶通信导航公司经营管理，后者由中宇卫星移动通信有限责任公司经营管理。此外，铱卫星系统也可临时提供手持电话业务。因我国尚无自建的卫星移动通信系统，现在国内应急通信系统配置的和汶川、玉树大地震中使用的便携式和手持式卫星电话用户终端都是属于上述 3 个系统的设施。

（6）国外通信设备厂商对我国甚小无线地球站（Very small aperture terminal，VSAT）应急卫星通信系统的建设起到了重要作用。由于设备的技术性能差距，我国用于应急通信的 VAST 卫星通信设备目前主要还是引进国外厂商的设备。这些厂商主要有美国的卫讯公司、康泰易达公司和休斯网络系统公司，加拿大的波拉赛特通信公司，以色列的吉来特卫星通信公司，德国的诺达卫星通信公司等。

（7）全国报灾应急通信能力提升。据 2010 年 1 月全国救灾减灾工作会议报道，我国 100% 的省和 98% 的地市、92% 的县已实现了网络化报灾，全国 92% 的县建立了灾害信息员制度，灾害信息员总数达 54 万名。

（8）与应急通信密切相关的国家级科研项目取得成效。据不完全统计，与应急通信密切相关的科研项目有国务院应急办组织实施的"十一五"国家科技支撑计划重大项目"国家应急平台体系关键技术研究与应用示范"工程项目，其中分为 10 个子项目；中华人民共和国工业和信息化部电子信息产业发展基金支持的"城市应急联动与社会综合服务系统"工程项目，其中分为 3 个子项目。这些研究项目都已取得重要成果，为我国各单位应急平台和应急联动通信建设起了示范作用。

但总体来说，由于我国应急通信系统建设起步较晚，目前现有的应急通信设施还需进一步完善，应急通信系统的能力还需进一步提高。目前，我国虽然建设了部分具有自主产权的实用卫星通信系统，但这些系统还主要以广播通信类卫星为主，直接提供语音/视频通信的卫星系统还较少，在应对重大灾害或突发事件情况下，国外卫星通信设备还占据主流。此外，虽然我国各部门、各级政府纷纷建立了应急通信保障队伍和设施，但这些系统的功能还相对单一，科技含量也不是很高，其规模和能力还有待进一步加强。

1.3.3 应急通信标准化工作

1. 国际应急通信标准化工作

随着应急通信技术的发展，大多数国际性的组织都已开展了这方面的技术标准研究，其中国际电信联盟（International Telecommunications Union，ITU）-T/R、欧洲电信标准组织（European Telecommunications Standards Institute，ETSI）、因特网工程任务部（Internet Engineering Task Force，IETF）等是比较有影响的标准化组织。

（1）ITU-T/R。

1）ITU-T（电信标准化部门）是 ITU 下属机构，主要负责 ITU 有关电信标准方面的工作。ITU-T 从 2001 年开始进行应急通信的研究，主要研究利用公共系统和电信设施提供预警和减灾能力，并研究国际紧急呼叫及应急通信所需要的能力增强技术等内容，涉及紧急通信业务（Emergency telecommunications service，ETS）和减灾通信业务（Telecommunication for disaster relief，TDR）。ITU 下的很多研究组和课题参与了对 ETS/TDR 的研究。例如，SG2 负责研究 ETS/TDR 业务和操作要求的定义及国际互联；SG4 负责研究 ETS/TDR 网管方面的问题；SG13 负责提出为支持 ETS/TDR 能力在信令方面的要求；SG12 负责研究 ETS/TDR 能力服务质量和性能方面的要求；SG13 负责研究 ETS/TDR 的网络体系结构和网间互通的问题；SG15 负责提出传送层的性能和可用性对 ETS/TDR 能力的影响；SG16 负责研究用于 ETS/TDR 能力的多媒体业务体系架构和协议及 ETS/TDR 的框架；SG17 负责研究与 ETS/TDR 相关的安全性项目及如何对使用者进行鉴权的问题；SSG 负责研究为支持 ETS/TDR 能力、3G 移动网络的一些特征，以及它们与其他网络的互通要求。其部分研究内容见表 1.1。

表 1.1　　　　　　　　ITU-T 应急通信的部分研究内容

序号	研　究　内　容
1	E.106 用于赈灾行动的国际应急优化方案（IEPS）
2	E.107 应急电信业务和各国实施 ETS 的互联框架
3	H.246 用户优先级别和 H.225 与 ISUP 之间呼叫始发国家/国际网络的映射
4	H.248.44 多层优先和预占方案
5	H.460.4 呼叫优先指定和 H.323 优先呼叫的呼叫始发识别国家/国际网络
6	H.460.14 在 H.323 系统中支持多级优先和预占
7	H.460.21 H.323 系统的消息广播
8	J.260 在 IPCablecom 网络上进行应急/灾害通信的要求
9	M.3350 为支持应急电信业务的调配，通过 TMN X 接口进行信息交流的 TMN 业务管理要求
10	ISUP 中用于 IEPS 支持的信令
11	BICC 中用于 IEPS 支持的信令

序号	研　究　内　容
12	CBC 中用于 IEPS 支持的信令
13	ATM AAL2 中用于 IEPS 支持的信令
14	DSS2 中用于 IEPS 支持的信令
15	Y.1271 在不断演讲的电路交换和分组交换网络上进行应急通信的网络要求和能力框架
16	Q 系列建议书的增补 47（IMT-2000 网络的应急业务——协调和融合的要求）
17	Q 系列的增补 53（对国际应急优选方案的信令支持）
18	下一代网络—应急电信—技术问题
19	IPCablecom 网络之上的优选电信规范
20	在 IPCablecom 网络上实施优选电信的框架
21	Q 系列建议书的新的增补草案：TRQ.ETS 在 IP 网络中支持应急电信业务的信令要求和 TRQ.TDR 在 IP 网络中支持赈灾电信的信令要求

2）ITU-R（无线电通信部门）是 ITU 下属复杂无线电通信标准化工作的机构，ITU-R 从预警和减灾的角度对应急通信展开研究，包括利用固定卫星、无线电广播、科学业务、移动、无线定位等技术实现对公众提供应急通信业务，部分研究内容见表 1.2。

表 1.2　　　　　　　　　　ITU-R 应急通信的研究内容

序号	研　究　内　容
1	M.693 使用数字选择呼叫指示应急位置的 VHF 无线电信标的技术特性
2	M.830 用于 GMDSS 规定的遇险和安全目的的 1530～1544MHz 和 1626.5～1645.5MHz 频段内卫星移动网络或系统的操作程序
3	S.1001 在自然灾害和类似需要预警和救援行动的应急情况下卫星固定业务系统的使用
4	M.1042 业余和卫星业余业务中的灾害通信
5	F.1105 救援行动使用的可搬运的固定无线电通信设备
6	M.1467 A2 和 NAVTEX 范围的预测及 A2 全球水上遇险与安全系统的遇险监测频道的保护
7	M.1637 在应急和防灾情况下无线电通信设备的全球跨边界流通
8	M.1746 使用数据通信保护财产的统一频率信道规划
9	BT.1774 用于公共预警、减灾和防灾的卫星和地面广播基础设施
10	M.2033 用于保护公众和防灾的无线电通信的目标和要求

另外，在数字集群标准方面，ITU 也开展了大量工作。1998 年 3 月，ITU 根据各国提交的集群通信系统标准，专门颁布了一份题目为"用于调度业务的高效

频谱数字陆上移动通信系统（*Spectrum Efficient Digital Land Mobile System for dispatch traffic*）"文件，推荐了 APC0-25、TETRAPOL、EDACS（enhanced digital access communications system，增强性数字接入通信系统）、TETRA、DIMRS、IDRA、Geotek 共 7 种数字集群通信体制和系统。其中，APCO-25 标准是 APCO（公共安全通信官员协会）和 NASTD（国家电信管理者协会）制定的标准；TETRA 由 ETSI 制定；IDRA 由日本 ARIB（无线工业及商贸联合会）制定；DIMRS 由美国和加拿大提出，MOTOROLA 公司的 iDEN 系统就符合 DIMRS 体制；TETRAPOL 由 TETRAPOL 论坛和 TETRAPOL 用户俱乐部提出；EDACS 由 TIA（电信工业联合会）制定；Geotek 由以色列提出。这些标准中，APCO-25、TETRAPOL、EDACS 采用频分复用技术，TETRA、DIMRS、IDRA 采用时分复用技术，Geotek 采用调频多址技术。

（2）ETSI。ETSI 是由欧洲共同体委员会 1988 年批准建立的一个非营利性电信标准化组织，ETSI 非常重视应急通信相关标准的制定，为此专门成立了一个研究课题，称为 Emtel，并先后设立了 STF315（紧急呼叫和位置信息）和 STF321（紧急呼叫定位）特别任务组，STF315 目前已经结束，由 STF321 继续应急通信的研究。ETSI 应急通信领域的部分研究内容见表 1.3。

表 1.3　　　　　　　　ETSI 应急通信领域的部分研究内容

序号	研　究　内　容
1	ETSI TR 102 180 紧急情况下市民与政府/组织之间的通信需求
2	ETSI TR 102 181 紧急情况下政府/组织之间的通信需求
3	ETSI TR 102 182 紧急情况下政府/组织到市民的通信需求
4	ETSI TR 102 410 紧急情况下市民之间及市民与政府之间的通信需求
5	ETSI TR 102 424 NGN 网络支持紧急通信的需求，从市民到政府
6	ETSI TR 182 009 支持市民到政府紧急通信的 NGN 体系架构
7	ETSI TR 102 444 短消息和小区广播业务用于紧急消息的分析
8	ETSI TR 102 445 紧急通信网络恢复和准备
9	ETSI TR 102 476 紧急呼叫和 VoIP
10	ETSI SR002299 紧急通信欧洲管制原则
11	DTS/TISPAN-03048 分析各标准组织输出的位置信息相关标准
I2	DTS/TISPAN-03048 NGN 支持紧急业务位置信息协议的信令需求和信令架构
13	3GPP TS 23.167 IMS 紧急呼叫
14	3GPP TS 23.271 定位业务功能描述
15	3GPP TS 22.268 公共预警系统需求（PWS）

（3）IETF。IETF 的主要任务是进行复杂互联网相关技术规范的研发和制定。随着互联网上 VoIP 业务的大量开展，IETF 开始日益重视互联网上的应急通信问题，建立了基于互联网技术的应急议案工作组（Emergency context resolution with internet technologies，ECRIT），研究基于互联网的应急通信问题。IETF 对应急通信的研究涉及需求、架构、协议等方面，部分研究内容见表 1.4。

表 1.4 IETF 应急通信的部分研究内容

序号	研 究 内 容
1	RFC 5012 互联网技术实现紧急呼叫的需求
2	RFC 5031 应用于紧急呼叫业务和其他业务的统一资源名称
3	RFC 5069 紧急呼叫标识与路由寻址的安全威胁与需求
4	RFC 5222 定位业务转换协议
5	RFC 5223 使用动态主机配置协议识别定位业务转换服务器

（4）ATIS。ATIS（Alliance for Telecommunications Industry Solutions，电信产业解决方案联盟）是美国一个致力于通过使用务实、灵活和开放的方法，快速制定或促进通信和相关信息技术标准化工作的组织。ATIS 成立了相应的技术委员会和论坛，不同委员会或论坛根据需要开展了应急通信相关的研究工作，如分组技术和系统委员会制定了 ATIS-PP-1000010.2006 支持 IP 网络中紧急通信业务的标准等。同时，为进一步推动应急通信工作，ATIS 还成立了紧急业务互联论坛，为有线、无线、电缆、卫星、互联网和紧急业务网络提供一个相互联系交流的论坛，以推动技术层面和操作层面的决议产生进程。ATIS 开展的部分应急通信相关研究见表 1.5。

表 1.5 ATIS 应急通信的部分研究内容

序号	研 究 内 容
1	ATIS-PP-0500002-200x 紧急业务信息接口支持未来向下一代紧急业务网络发展的方向
2	RNA（传送紧急呼叫）
3	Issue51 NGN（IMS）紧急呼叫处理
4	Issue50 下一代紧急业务定位标准
5	Issue49 基于 NGN/IMS 的 NG9-1-1 标准
6	Issue48 NG9-1-1 业务协调
7	Issue45 支持对语音和非语音的紧急呼叫的定位识别和回复能力

2．我国应急通信标准化工作

中国通信标准化协会（China communications standards association，CCSA）是我国开展通信技术领域标准化活动的主要机构。CCSA 从 2004 年就开始了应急通信相关标准的研究，2009 年 5 月，CCSA 成立应急通信特设任务组（ST3），专门从事我国应急通信标准化研究工作。CCSA 已经开展的应急通信标准涉及公用电信网、集群、定位、视频会议和视频监控、卫星通信等多个方面。CCSA 应急通信的部分研究内容见表 1.6。

表 1.6　　　　　　　　　　CCSA 应急通信的部分研究内容

序号	研 究 内 容
1	国家应急通信综合体系和相应标准体系的研究
2	公用电信网支持应急通信的业务需求
3	公用 IP 网支持紧急呼叫的技术要求
4	NGN 架构下支持紧急呼叫的技术要求
5	YD/T 1406—2005 公用电信网间紧急特种业务呼叫的路由和技术实现要求
6	YDC 030—2004 基于 GSM 技术的数字集群通信系统总体技术要求
7	YDC 031—2004 基于 CDMA 技术的数字集群通信系统总体技术要求
8	SJ/T 11228—2000 数字集群通信系统体制
9	GB/T 14391—1993 卫星应急无线电示位标性能要求
10	应急公益短消息服务方案和流程研究
11	不同紧急情况下应急通信基本业务要求
12	卫星通信系统支持应急通信的通用技术要求

1.4　电力应急场景

根据覆冰及天气趋势对电网、设备可能造成的影响进行危害辨识、风险评估，将低温雨雪冰冻灾害预警分为红色预警、橙色预警、黄色预警和蓝色预警 4 个等级，分级标准见表 1.7。

表 1.7　　　　　　　公司低温雨雪冰冻灾害应急预警发布条件

预警级别	发布条件（满足下列条件之一）
红色	（1）中国南方电网有限责任公司（简称南方电网公司）发布了涉及公司管辖区域的低温雨雪冰冻灾害红色、橙色预警。 （2）省三防办发布了低温雨雪冰冻灾害红色预警。 （3）根据预测，低温冰冻天气 8 天不会好转。 （4）同时出现 20 条及以上 110kV 及以上输电线路覆冰

续表

预警级别	发布条件（满足下列条件之一）
橙色	（1）南方电网公司发了涉及公司管辖区域的低温雨雪冰冻灾害橙色、黄色预警。 （2）省三防办发布了低温雨雪冰冻灾害橙色预警。 （3）根据预测，低温冰冻天气 6 天不会好转。 （4）同时出现 15 条及以上 110kV 及以上输电线路覆冰
黄色	（1）南方电网公司发了涉及公司管辖区域的低温冰冻灾害黄色、蓝色预警。 （2）省三防办发布了低温雨雪冰冻灾害黄色预警。 （3）根据预测，低温冰冻天气 4 天不会好转。 （4）同时出现 8 条及以上 110kV 及以上输电线路覆冰
蓝色	（1）南方电网公司发了涉及公司管辖区域的低温雨雪冰冻灾害蓝色预警。 （2）省三防办发布了低温雨雪冰冻灾害蓝色预警。 （3）根据预测，低温冰冻天气 3 天不会好转。 （4）同时出现 6 条及以上 110kV 及以上输电线路覆冰

1.4.1　预警监测

公司应急办负责气象预警信号和天气动态预报信息的监测，密切与省防总、省气象等有关部门进行沟通，及时通过文件、电视、电台、网站、电话、传真等渠道获取最新气象、水文信息，并通过电话、EMS/SCADA 系统获取即时电网运行信息。

1．低温雨雪预警信息监测重点

（1）气温变化。

（2）降雨监测。

（3）覆冰动态。

2．预警信息来源

（1）省三防办、省气象部门发布的低温雨雪冰冻预警信息。

（2）南方电网公司发出的低温雨雪冰冻预信息。

（3）公司有关各部门、各单位报送的低温雨雪冰冻预警信息。

（4）通过覆冰监测和风险分析获得的数据。

（5）通过覆冰在线监测系统或人工观冰获得的数据。

公司应急办在获取预警支持信息后及时进行汇总分析，必要时组织相关部门、专业技术人员、专家进行会商，对低温雨雪冰冻灾害事件发生的可能性及其可能造成的影响进行评估。

1.4.2　预警发布与行动

1．预警发布

预判达到预警发布条件时，由公司应急办组织各部门会商研判，确定预警级别后按表 1.8 和表 1.9 的要求签发并发布预警。

（1）预警发布通知单签发权限见表1.8。

表1.8 预警发布通知单签发权限

序号	预警级别	预警发布通知单签发权限	预警发布通知单
1	红色、橙色预警	应急指挥中心总指挥或授权副总指挥	
2	黄色、蓝色预警	应急办主任或授权应急办副主任	

（2）预警发布通知单发布要求见表1.9。

表1.9 预警发布通知单发布要求

序号	发布对象	发布时间	发布方式	发布单位（部门）	发布流程
1	公司各部门、各单位	预警发布通知单签发后30min内	通过"公司应急办"ID在公司OA（Office automation，办公自动化）公告板发布，并通过短信通知公司应急指挥中心、应急办人员，预警范围内地市局负责人和工作联络人	公司应急办	
2	南方电网公司应急办公室		通过"公司应急办"ID报送至网公司应急办相关人员OA邮箱		

2．预警行动

发布预警后，预警行动范围内的单位应根据当地和本单位具体情况，针对可能发生的低温雨雪冰冻灾害，及时采取有效的防范和应对措施。

（1）气象监测。气象监测信息见表1.10。

表1.10 气象监测信息

序号	预警级别	发布时间	发布方式	责任单位（部门）
1	红色、橙色预警	每日7时、16时发布一次	通过短信通知公司应急指挥中心、应急办人员，预警范围内地市局负责人和工作联络人	公司应急办
2	黄色、蓝色预警	每日16时发布一次		

（2）行动措施。公司各部门根据预警级别按照部门预案开展有效的防范措施，并指导地市局开展专业预警行动，具体措施详见部门低温雨雪冰冻灾害应急处置工作表单。

（3）信息报送。预警期间，公司应急办成员部门、相关地市局要及时将预警行动、线路覆冰情况、因灾损失信息报送至公司应急办，具体要求见《低温雨雪冰冻灾害应急信息填报工作指引》。

（4）应急值班。预警期间，公司应急办成员部门实行 24h 电话值班，预警范围内地市局参照公司安排应急值班。

3．预警调整

预警发布后，公司应急办根据天气温度、雨情、覆冰情况发展，及时提出预警级别与范围调整建议。

4．预警解除

预警解除条件见表1.11。

表1.11 预 警 解 除 条 件

序号	解除条件（满足以下条件之一）
1	省气象台解除低温雨雪冰冻灾害红色、橙色、黄色、蓝色预警
2	南方电网公司解除低温雨雪冰冻灾害红色、橙色、黄色、蓝色预警
3	公司启动低温雨雪冰冻灾害应急响应（自动解除预警）
4	灾害性天气对我省的影响基本结束，直属各地市局均解除预警

预判达到预警解除条件时，由公司应急办组织各部门会商研判，确定解除预警后按表1.12和表1.13的要求签发并解除预警。

表1.12 预警解除通知单签发权限

序号	预警级别	预警解除通知单签发权限	预警解除通知单
1	红色、橙色预警	应急指挥中心总指挥或授权副总指挥	
2	黄色、蓝色预警	应急办主任或授权应急办副主任	

表1.13 预警解除通知单发布要求

序号	发布对象	发布时间	发 布 方 式	发布单位（部门）	发布流程
1	公司各部门、各单位	预警解除通知单签发后30min内	通过"公司应急办"ID在公司OA公告板发布，并通过短信通知公司应急指挥中心、应急办人员，预警范围内地市局负责人和工作联络人	公司应急办	
2	南方电网公司应急办公室		通过"公司应急办"ID报送至网公司应急办相关人员OA邮箱		

1.4.3 应急响应与处置

1．应急响应分级

按照线路覆冰严重程度，本预案将灾害应急响应分为 4 级：Ⅰ级响应、Ⅱ级响应、Ⅲ级响应、Ⅳ级响应。分级标准见表1.14。

表1.14　　　　　　　　公司低温雨雪冰冻灾害应急响应启动条件

响应级别	启动条件（满足下列条件之一）
Ⅰ级	（1）南方电网公司启动了涉及公司管辖区域的低温雨雪冰冻灾害Ⅰ、Ⅱ级响应。 （2）省三防办启动了低温雨雪冰冻灾害Ⅰ级响应。 （3）公司管辖范围内发生特别重大低温雨雪冰冻灾害。 （4）同时出现10条及以上覆冰比值达到1.0的110kV以上线路。 （5）省应急办、三防办和南方电网公司提出启动公司应急指挥中心的要求
Ⅱ级	（1）南方电网公司启动了涉及公司管辖区域的低温雨雪冰冻灾害Ⅱ、Ⅲ级响应。 （2）省三防办启动了低温雨雪冰冻灾害Ⅱ级响应。 （3）公司管辖范围内发生重大低温雨雪冰冻灾害。 （4）同时出现10条及以上覆冰比值达到0.8的110kV以上线路。 （5）省应急办、三防办和南方电网公司提出启动公司应急指挥中心的要求
Ⅲ级	（1）南方电网公司启动了涉及公司管辖区域的低温雨雪冰冻灾害Ⅲ、Ⅳ级响应。 （2）省三防办启动了低温雨雪冰冻灾害Ⅲ级响应。 （3）公司管辖范围内发生较大低温雨雪冰冻灾害。 （4）同时出现8条及以上覆冰比值达到0.6的110kV以上线路
Ⅳ级	（1）南方电网公司启动了涉及公司管辖区域的低温雨雪冰冻灾害Ⅳ级响应。 （2）省三防办启动了低温雨雪冰冻灾害Ⅳ级响应。 （3）公司管辖范围内发生一般低温雨雪冰冻灾害。 （4）同时出现8条及以上覆冰比值达到0.5的110kV以上线路

2．先期处置

（1）当公司管辖范围内发生一般及以上低温雨雪冰冻灾害后，系统部应第一时间按照事故预案开展先期处置工作，做好方式融冰、方式调整及事故处理的工作，确保电网的安全稳定运行和最大限度地控制事态发展。

（2）设备部应及时收集覆冰情况，结合覆冰实际情况组织相关单位开展融冰工作。

（3）系统部、市场部应在20min内将线路跳闸、变电站停运、客户停电等信息报送至公司应急办。

3．应急响应启动及发布

预判达到响应启动条件时，由公司应急办组织各部门会商研判，确定响应级别后按表1.15和表1.16的要求签发并发布响应。

表1.15　　　　　　　　响应启动通知单签发权限

序号	响应级别	响应启动通知单签发权限	响应启动通知单
1	Ⅰ、Ⅱ级响应	应急指挥中心总指挥或授权副总指挥	
2	Ⅲ、Ⅳ级响应	应急办主任或授权应急办副主任	

表1.16　　　　　　　　　响应启动通知单发布要求

序号	发布对象	发布时间	发 布 方 式	发布单位（部门）	发布流程
1	公司各部门、各单位	响应启动通知单签发后30min内	通过"公司应急办"ID在公司OA公告板发布，并通过短信通知公司应急指挥中心、应急办人员，预警范围内地市局负责人和工作联络人	公司应急办	
2	南方电网公司应急办公室		通过"公司应急办"ID报送至网公司应急办相关人员OA邮箱		
3	省应急办、三防办、南方能监局	响应启动后1h内	发传真（邮件）至省应急办、三防办、南方能监局或电话告知	公司应急办	

4．信息报告

响应期间，公司应急办成员部门、相关地市局要及时将应急工作、因灾损失信息报送至公司应急办，具体要求见《低温雨雪冰冻灾害应急信息填报工作指引》。

5．响应行动

（1）抢修复电目标。抢修复电目标见表1.17。

表1.17　　　　　　　　　抢 修 复 电 目 标

灾害级别	抢修复电时间（具备抢修条件的）		
	城区	乡镇	村寨
重大及以上低温雨雪冰冻灾害	≤3天	≤5天	≤7天
较大及以下低温雨雪冰冻灾害	≤2天	≤3天	≤5天

注　以上均包括发电车、发电机等临时供电方式。

（2）应急指挥。应急指挥负责人见表1.18。

表1.18　　　　　　　　　应 急 指 挥 负 责 人

序号	响应级别	应急指挥负责人
1	Ⅰ、Ⅱ级	公司应急指挥中心总指挥或授权副总指挥
2	Ⅲ、Ⅳ级	公司应急办主任或授权应急办副主任

（3）组织会商。

1）Ⅰ、Ⅱ级响应。公司应急指挥中心召开会议，应急办召集应急指挥中心、应急办成员、相关专业部门人员在应急指挥中心按时参会，及时将会议决策形成文件下发至相关部门和单位。会议主要议程如下。

a．听取各受灾单位和专业管理部门的汇报。

b．公司应急办通报天气变化趋势，分析当前形势和预期判断。

c．组织讨论行动方案、资源调配、项目管理，落实抗灾减灾、抢修复电等具体措施，并提交至总指挥或副总指挥决策。

d．派出现场督导组提前赴现场检查、指导各地市局开展防御准备、灾情摸查，应急队伍预安排、物资装备储备等工作，指导各地市局提出需公司协调的应急资源支援需求，动态向公司应急指挥中心和应急办汇报督导工作情况。现场督导组完成督导任务后，相关人员纳入现场工作组管理。

e．组建现场工作组，明确现场工作组机构构成。

f．根据实际情况任命现场指挥官。

g．根据实际情况设置应急信息工作组。

h．明确新闻发言人，统一制定对外新闻发布口径及原则。

2）Ⅲ、Ⅳ级响应。公司应急办召开会议，应急办成员、相关专业部门人员按时参会，及时将会议决策形成文件下发至相关部门和单位。会议主要议程如下。

a．落实省政府和网公司应急指挥中心的应急工作要求，及时向省政府和网公司应急指挥中心汇报应急响应信息。

b．听取各受灾单位和专业管理部门的汇报，分析当前形势和预期判断，提出应对措施。

c．派出现场督导组提前赴现场检查、指导各地市局开展防御准备、灾情摸查，应急队伍预安排、物资装备储备等工作，指导各地市局提出需公司协调的应急资源支援需求，动态向公司应急指挥中心和应急办汇报督导工作情况。现场督导组完成督导任务后，相关人员纳入现场工作组管理。

d．必要时，提请公司应急指挥中心组建现场工作组，并根据实际情况任命现场指挥官。

e．根据实际情况设置应急信息工作组。

f．明确新闻发言人，统一制定对外新闻发布口径及原则。

（4）行动措施。公司各部门根据响应级别开展应急处置工作，并指导地市局开展专业响应行动。具体措施详见部门低温雨雪冰冻灾害应急处置工作表单。

6．新闻发布

（1）在应急响应期间，各单位在涉及对外新闻发布、接收新闻采访等工作时，要与本级应急办协调互通，口径一致。

（2）由公司办公室统一对外新闻口径、接受新闻媒体采访、组织新闻发布会，同时协调、配合新闻媒体做好新闻报道工作。未经允许，任何部门和个人不得对外发布（散布）雨雪冰冻灾害信息或发表对覆冰灾害的评论。

（3）在低温雨雪冰冻灾害应急响应期间，公司办公室应指导受灾单位开展对外新闻发布和报道、接受新闻采访等工作，保持公司系统对外口径一致，避免出现矛盾信息。

（4）公司新闻发布会的组织应经过公司应急指挥中心审核批准。

7．应急响应调整

当灾害发展趋势发生变化时，公司应急办根据低温雨雪冰冻灾害相关信息，从事件级别、应急资源匹配程度、社会影响、政府关注程度4个方面综合判断，决定Ⅲ、Ⅳ级应急响应级别的调整，或由公司应急指挥中心批准Ⅰ、Ⅱ级应急响应级别的调整。

8．应急结束

响应结束条件见表1.19。

表 1.19　　　　　　　　　　响 应 结 束 条 件

序号	结束条件（满足以下条件之一）
1	南方电网公司结束涉及公司管辖区域的低温雨雪冰冻灾害响应级别
2	省三防办结束低温雨雪冰冻灾害响应级别
3	灾害性天气结束，广东电网受灾害影响的用户恢复95%以上

预判达到响应结束条件时，由公司应急办组织各部门会商研判，确定结束响应后按表1.20和表1.21的要求签发并结束响应。

表 1.20　　　　　　　　　　响应结束通知单签发权限

序号	响应级别	响应发布通知单签发权限	响应发布通知单
1	Ⅰ、Ⅱ级	应急指挥中心总指挥或授权副总指挥	
2	Ⅲ、Ⅳ级	应急办主任或授权应急办副主任	

表 1.21　　　　　　　　　　响应结束通知单发布要求

序号	发布对象	发布时间	发 布 方 式	发布单位（部门）	发布流程
1	公司各部门、各单位	响应结束通知单签发后30min内	通过"公司应急办"ID在公司OA公告板发布，并通过短信通知公司应急指挥中心、应急办人员，响应范围内地市局负责人和工作联络人	公司应急办	
2	南方电网公司应急办公室		通过"公司应急办"ID报送至网公司应急办相关人员OA邮箱		
3	省应急办、三防办、南方能监局	响应结束后1h内	发传真（邮件）至省应急办、三防办、南方能监局或电话告知	公司应急办	

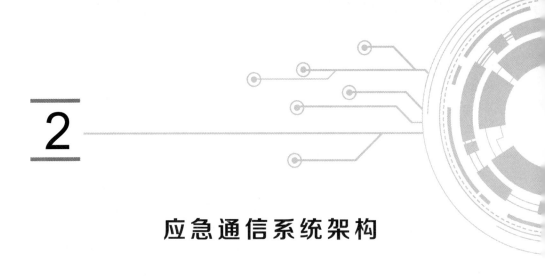

2

应急通信系统架构

应急通信是将各种通信手段和网络综合运用来满足应急需求的信息网络。应急通信系统的建设与发展是一个十分复杂的问题，涉及资源的配置、投入的均衡、技术手段的合理选择等，也涉及国家的指导思想、组织形式、整体布局、投入的重点、标准、技术规范及相应的法律法规等。

从国家应急管理的要求出发，根据突发公共事件应急保障的需求，宏观上可以把应急通信系统划分为 4 个层面：一是国家层面，即"国土监测及国家防灾救灾系统"；二是区域层面，即"城市和区域联动系统"；三是现场救援层面，即"现场救援指挥通信系统"；四是个人报警接入层面，即各类接入应急通信网的终端和设备。

本章主要介绍前 3 个层面的整体架构，旨在为全书内容组织提供一个整体架构。内容的组织从上到下、从大到小依层面展开，虽然每个系统都可独立存在，但是从逻辑关系上，下一个层面的系统是上一个层面的子系统，最终都要接入国家层面的信息系统。本章的内容不详细阐述具体的技术，而是介绍系统的整体架构。

2.1 国家突发公共事件的应急通信保障概要

2.1.1 国家应急管理

1. 法律法规

国家应急管理的法律法规分为自然灾害类、事故灾难类、公共卫生事件类和社会安全事件类 4 类，包括法律法规、条例、规定、实施办法、实施细则、暂行办法等。

《中华人民共和国突发事件应对法》是应急管理的"龙头法"，来自实践的积累，凝聚了中国人民长期以来与自然灾害、事故灾难等突发事件顽强搏斗摸索出的经验。

2．应急预案

应急预案体系包括国家总体应急预案、省级总体应急预案、国务院各部门应急预案、国家专项应急预案。

国家总体应急预案即《国家突发公共事件总体应急预案》，是全国应急预案体系的总纲，明确了各类突发公共事件分级分类和预案框架体系，规定了国务院应对特别重大突发公共事件的组织体系、工作机制等内容，是指导预防和处置各类突发公共事件的规范性文件。

国家专项应急预案已发布 18 件，包括《国家自然灾害救助应急预案》《国家地震应急预案》《国家突发地质灾害应急预案》《国家通信保障应急预案》等。

3．国家应急管理工作组织体系

（1）领导机构。国务院是突发公共事件应急管理工作的最高行政领导机构。在国务院总理领导下，通过国务院常务会议和国家相关突发公共事件应急指挥机构，负责突发公共事件的应急管理工作；必要时，派出国务院工作组指导有关工作。

（2）办事机构。国务院办公厅设国务院应急管理办公室，履行值守应急、信息汇总和综合协调职责，发挥运转枢纽作用。

（3）工作机构。国务院有关部门依据有关法律、行政法规和各自职责，负责相关类别突发公共事件的应急管理工作。具体负责相关类别的突发公共事件专项和部门应急预案的起草与实施，贯彻落实国务院有关决定事项。

（4）地方机构。地方各级人民政府是本行政区域突发公共事件应急管理工作的行政领导机构，负责本行政区域各类突发公共事件的应对工作。

（5）专家组。国务院和各应急管理机构建立各类专业人才库，可以根据实际需要聘请有关专家组成专家组，为应急管理提供决策建议，必要时参加突发公共事件的应急处置工作。

2.1.2 突发公共事件的应急保障

1．突发公共事件及其分类

依据《国家突发公共事件总体应急预案》，突发公共事件是指突然发生、造成或者可能造成重大人员伤亡、财产损失、生态环境破坏和严重社会危害、危及公共安全的紧急事件。

根据突发公共事件的发生过程、性质和机理，突发公共事件主要分为以下四类，见表2.1。

表 2.1   突发公共事件的分类

名　称	种　类	主 管 部 门
自然灾害	水旱灾害	水利部（国家防汛抗旱总指挥部）
	气象灾害	国家气象局/有关政府部门
	地震灾害	国家地震局（国务院抗震救灾指挥部）
	地质灾害	国土资源部/建设部/农业部
	森林草原火灾	国家林业局（国家森林防火指挥部）
事故灾难	交通运输事故	交通部/民航总局/铁道部/公安部
	生产事故	行业主管部门/企业总部
	公共设施和设备事故	建设部/信息产业部/邮电部
	环境污染和生态破坏事件	国家环保总局
公共卫生事件	传染病疫情	卫生部
	食物中毒事件	卫生部
	动物疫情	农业部
社会安全事件	治安事件	公安部
	恐怖事件	公安部
	经济安全事件	中国人民银行
	群体性事件	国家信访局/公安部/行业主管部门
	涉外事件	外交部

各类突发公共事件按照其性质、严重程度、可控性和影响范围等因素，一般分为四级：Ⅰ级（特别重大）、Ⅱ级（重大）、Ⅲ级（较大）和Ⅳ级（一般）。

相应地，依据突发公共事件可能造成的危害程度、紧急程度和发展态势，把预警级别分为四级：特别严重的是Ⅰ级（红色表示）、严重的是Ⅱ级（橙色表示）、较重的是Ⅲ级（黄色表示）、一般的是Ⅳ级（蓝色表示）。预警信息包括突发公共事件的类别、预警级别、起始时间、可能影响范围、警示事项、应采取的措施和发布机关等。

2．突发公共事件的应急保障

《国家突发公共事件总体应急预案》制订的应急保障包括：人力资源、财力保障、物资保障、基本生活保障、医疗卫生保障、交通运输保障、治安维护、人员防护、通信保障、公共设施、科技支撑11项。

突发公共事件应急保障体系如图2.1所示。应急通信子系统是应急指挥平台的重要组成部分，也是突发公共事件应急保障体系的一个有机组成部分。

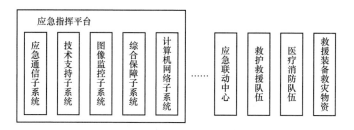

图 2.1 突发公共事件应急保障体系

国家突发公共事件应急组织体系如图 2.2 所示。从整个国家的角度来看，通信行业应急通信保障体系又是国家突发事件应急组织体系的一个组成部分。

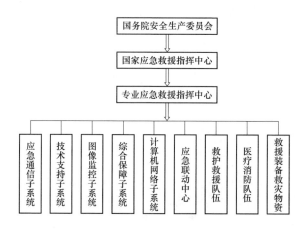

图 2.2 国家突发公共事件应急组织体系

从应对突发事件响应的角度来讲，应急通信保障工作分为事前、事中、事后 3 个主要阶段。事前更多体现为预防、预警和资源准备等方面；事中主要体现为备用资源的启用、应急措施的启用和故障排除；事后主要体现为总结、改进、完善和奖惩，也包括一些建设项目等。

2.1.3　应急通信系统的结构层次

《国家突发公共事件总体应急预案》中的第 4.9 节为"通信保障"，提出了突发公共事件应急保障中关于通信保障的要求。在《中华人民共和国突发事件应对法》中的第三十三条规定："国家建立健全应急通信保障体系，完善公用通信网，建立有线与无线相结合、基础电信网络与机动通信系统相配套的应急通信系统，确保突发事件应对工作的通信畅通。"为国家应急通信的建设提出了总要求，也是应急通信系统的发展方向。

除了法律、法规、标准、建议等方面外，从整体的架构来说，应急事件应对应急通信系统涉及以下 4 个层面。

（1）国家层面：包含政策法规、标准规范；组织形式、网络构架；监控监测、预警机制；基础信息结构及资源预留等。从国家层面来说，应急通信系统一般称为"国家国土监控系统"，其主要工作是监控、预警探测、及时响应等。

（2）区域层面：区域内，一个城市或几个相邻城市之间组成的一个信息系统，主要用于区域突发事件的预警或支持在区域内对突发事件的处理；统一组织，协调联动，充分利用和协调配置资源；接收并执行上层命令或指示，将区域内的情况上报等。

（3）现场救援系统：现场救援系统主要是在突发事件现场组织通信网络，负责现场的统一指挥；将现场与区域联动系统、国家国土监测系统联系起来，采集现场各种数据并上传，充分利用现存的网络资源，并及时增配相应的通信手段，构建现场的网络覆盖等。

（4）个人通信设备或终端：主要为施救人员提供通信、定位及信息传递的手段，为群众呼救、报警及信息采集提供方便等。

2.2 应急通信保障总体架构

近年来，国家、各级政府、相关行业及学术界、企业和各科研机构，对应急通信的研究正逐步走向深入，对应急通信的未来发展亦有诸多讨论。在这里，对这方面的内容予以简单的介绍。

《国务院关于实施国家突发公共事件总体应急预案的决定》中明确指出：要切实加强应急机构、队伍和应急救援体系、应急平台建设，整合各类应急资源，建立和健全统一指挥、功能齐全、反应灵敏、运转高效的应急机制。应急通信作为应急平台的组成部分自然也要努力实现这一要求。

目前，我国国家应急平台体系总体方案已经设计完成，国家应急平台体系技术要求已印发试行。国家应急平台体系包括国务院、省级和部门应急平台（包括专业应急指挥系统），以依托中心城市辐射覆盖到城乡基层的面向公众紧急信息接报平台和面向公众的信息发布平台。根据需要，国务院、省级（含市地）和部门应急平台可与同级军队（武警）应急平台互联，国务院和部门应急平台可与国际应急机构连接。应急管理概要流程如图 2.3 所示。

建设以国务院应急平台为中心，以省级和部门应急平台为节点，上下贯通、左右衔接、互联互通、信息共享、互有侧重、互为支撑、安全畅通的国家应急平台体系。通过突发公共事件的监测监控、预测预警、信息报告、综合研判、辅助决策、指挥调度等主要功能，实现突发公共事件的相互协同、有序应对，满足国家和本地区、本部门管理工作的需要。

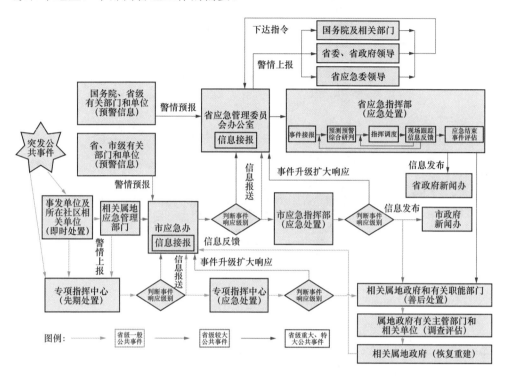

图 2.3　应急管理概要流程

　　各级应急平台主要由基础支撑系统、综合应用系统、数据库系统、信息接报与发布系统、移动应急平台、应急指挥场所、安全保障体系及法规与标准规范等组成，如图 2.4 所示。

　　由图 2.4 可知，应急通信系统是国家应急平台体系基础支撑系统的重要组成部分。应急通信系统支持突发公共事件应急处置时的语音、数据、视频等的传输；充分利用已建成和规划建设的公众与专用通信网络、有线与无线通信资源，实现与各级应急平台之间及特别重大突发公共事件现场之间的信息传输，尤其与现场移动应急平台互联，确保应急处置时通信联络的安全、畅通。在条件具备的情况下，保障应急处置人员的通话优先权。

　　经过各方努力，我国的应急通信建设已取得显著成绩，在历次抢险救灾中发挥了重要作用，但离国家和民众的要求还有较大差距。依据国内外发展趋势，以及我国正在从大国迈向强国发展的需要，我们应坚持自主创新、不断努力，把我国的应急通信构建成为一个功能齐全、模式多样的空天地一体化应急通信保障体系，不断提高应对突发事件的通信保障能力。天空地一体化应急通信保障体系组成及其各系统的业务和用途见表2.2。

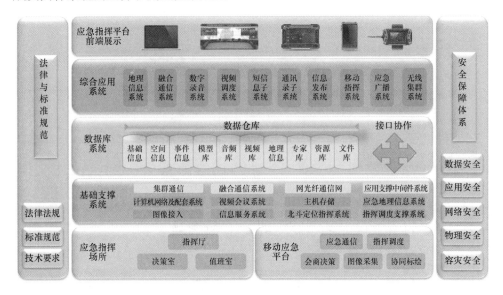

图 2.4　应急平台构成

表 2.2　　天空地一体化应急通信保障体系组成及其各系统的业务和用途

通信系统	业务类型	突发事件前用途	突发事件中用途	突发事件后用途
固定卫星通信系统	语音/数据/视频	民用	应急指挥、调度，应急救援、灾情传递与发布，替代/扩容/延伸地面通信网	恢复、重建中的指挥、调度
移动卫星通信系统	同上	同上	同上	同上
卫星广播电视系统	广播/电视	预警发布灾前教育	灾情信息发布，自救指导，指导安抚，替代/扩容/延伸地面广播电视网	恢复、重建中的指导宣传
卫星导航定位系统	导航/定位/授时	军民共用	搜救定位，救灾人员、车辆导航，撤退/疏散指引，应急交通管理，车辆跟踪	—
卫星对地观测系统	视频/图像/数据	监测、信息采集	灾害监测，现场信息采集	监测、信息采集
平流层	同上	军民共用	快速构成覆盖灾区的空间通信网，以替代受到破坏的局部地面通信网	—
平流层飞艇遥感系统	同上	监测、信息采集	灾害监测，现场信息采集	监测、信息采集
飞机（含无人机）遥感系统	同上	同上	同上	同上

通信系统	业务类型	突发事件前用途	突发事件中用途	突发事件后用途
固定通信公网	同上	民用	自有应急通信设施接替被破坏通信设施，保障公众通信需求	恢复、重建中保障公众通信需求
移动通信公网	同上	民用	同上	同上
广播电视公网	广播/电视	预警发布灾前教育	自有应急广播电视设施接替被破坏的广播电视设施进行灾情信息发布，流散引导，保障公众接收广播电视节目	恢复、重建中保障公众接收好广播/电视节目
各系统通信专网	语音/数据/视频	各系统专用	接受统一调度，到灾区服务，同时按系统上报信息	统一调度到灾区服务
各城市应急联动系统	同上	监测、预警、告警	本地区指挥、调度、救援、疏导、安抚	恢复、重建中的指挥调度
集群通信	语音/数据	民用	应急指挥调度	同上
短波通信	同上	军用民用	同上	同上
微波中继通信	语音/数据/视频	民用	补充固定通信公网能力的不足	补充固定通信公网能力的不足
宽带无线接入系统	同上	—	灾害地区增设此种网络提供服务	恢复、重建中可继续通信服务
自组织网络	同上	—	同上	同上
无线传感器网络	数据	环境监测	环境监测	环境监测

相关说明如下。

（1）固定卫星通信系统的最大特点是可构建大容量宽带通信网，可作为国家四级应急指挥系统卫星通信网，可构建动中通车载终端和静中通车载终端用 VSAT 卫星通信网。

（2）移动卫星通信系统的最大特点是可提供手持式用户终端和笔记本式便携用户终端进行语音/数据/视频通信。

（3）平流层飞艇通信系统是一种位于平流层的无线基站，通过位于 20～50km 高空的电台向地面用户提供固定和移动业务。平流层飞艇也可承载遥感设备作为遥感飞艇，用于对地观测。

（4）无人机是指由自动驾仪控制的无人驾驶飞行器（Unmanned aerial vehicle UAV），它可装配制导系统、机载雷达系统、传感器、摄像机等设备，用途广泛，特别用于适合抢险救灾中。

（5）微波中继通信具有良好的抗灾性能，对水灾、风灾及地震等自然灾害，一般不受其影响。

（6）宽带无线接入系统可在紧急或环境恶劣条件下迅速恢复或新建通信链路，可提供语音、数据、视频等传输通道，具有组网灵活、建设周期短、成本比较低、维护费用低等优点。

（7）自组织网络是一种无须网络基础设施的网络。这种网络设有固定的路由器，网络中的节点可随意移动并能以任意方式相互通信，它适宜于在灾情突发现场，原有通信网络设施被摧毁或无法正常工作下，用来构建通信链路，提供通信服务。

（8）无线传感器网络是自组织网络的一个子集，它是由部署在监测区内大量的廉价微型传感器节点组成的，通过无线通信方式形成的一个多跳自组织网络。它具有多种类型的传感器，可探测包括地震、电磁、温度、湿度、噪声、光强度、压力、土壤成分、移动物体的大小、速度和方向等周边环境中的各种现象。该网络可以通过飞机等运载工具投送到监测区域，快速组网通信，提高应急救援速度。

2.3　城市和区域应急通信系统架构

城市应急联动系统是综合各种城市应急服务资源，采用统一的号码，用于公众报告紧急事件和紧急求助，统一接警，统一指挥，联合行动，为市民提供相应的紧急救援服务，为城市的公共安全提供强有力的保障的系统；是建立在现代通信系统与信息系统集成的基础之上，综合各种城市应急服务资源，为市民提供相应的紧急救援服务，为城市的公共安全提供强有力保障的系统；是保护城市人民生命财产安全、维护城市社会治安稳定的重要手段。

城市应急联动系统是一个集语音、数据、图像为一体，以信息网络为基础的，各系统有机互动的整体解决方案，而且其至少由计算机辅助调度/信息系统和专用移动通信网两大部分组成，涉及面很广。

2.3.1　城市应急联动系统的模式和特点

我国城市应急联动系统的模式归结起来有如下几种。

（1）集权模式：整合政府和社会所有的应急资源，成立专门的城市应急联动中心，代表政府全权行使应急联动指挥大权，有权调动任何部门。特征：政府牵头、政府投资、集中管理，应急联动中心是政府管理的一个部门，有专门的编制和预算，如南宁、北京。

（2）授权模式：政府利用现有的应急指挥基础资源，根据城市应急联动的要求，通过局部的体制调整，授权应急基础比较好的某一部门（通常是公安部门）执行城市应急处理任务。特征：在该部门的牵头下，构成城市应急联动系统，如广州、上海。

（3）代理模式：政府成立统一的接警中心或呼叫中心，负责接听城市的应急呼叫，根据呼叫性质，将接警记录分配给一个或多个部门处理，并根据各部门处理情况反馈给报警人。这种模式不是真正意义上的应急联动，但向城市提供了统一的紧急呼叫入口。特征：由政府牵头，统一了紧急呼叫的入口，各部门分头处警、各自指挥，中心负责向报警人反馈处理信息。北京未建立应急联动中心之前，采用的是此种模式。

（4）协同模式：多个不同类型、不同层次的指挥中心和执行机构通过网络组合在一起，按照约定的流程，分工协作、联合指挥、联合行动。特征：由一个政府中心、多个部门指挥中心和更多个基层远程协同终端构成，原有的行政机构基本不动，投资最省，适合中小城市去运作。

我国目前的城市应急联动系统状况大同小异，它们的共同特点归纳如下。

（1）统一接警，分类处警：这种系统的主要功能是，具有统一接警、分类处警功能，实现了各个警种的报警受理既相对独立，又互通有无，在解决一警多能、最大限度地发挥警力资源，以及警力资源共享、方便群众报警求助等方面具有积极作用。

（2）综合利用现有的通信设施：这种系统利用有线通信和无线通信系统，支持集中通信指挥调度功能，指挥调度方便快捷。一些城市重点进行了数字集群等系统的建设。

（3）充分利用图像业务：这种系统把视频图像资源进行了整合，对关键场所进行监控，并通过视频会议进行会商和异地指挥。

（4）支持信息管理：这种系统侧重于信息报送、分类、统计等功能，主要完成对"现时"状态数据的掌握，强调数据库建设，基本以事件为中心收集组织信息，或以服务为中心提供信息支持。

（5）支持综合调度：这种系统以快速反应为目标，把多警种合一等多个系统纳入到一个平台，由市政府直接领导，统一指挥协调多个部门，实现综合功能。

2.3.2 城市应急联动系统的主要支撑体系

城市应急联动系统的主要支撑体系归纳如下。

（1）计算机网络系统：用于传输数据业务。

（2）有线/无线通信系统：有线/无线通信系统提供城市应急联动系统需要的有线/无线通信链路。

（3）GPS 系统：GPS 系统主要用于及时、准确地掌握被控车辆和船舶等移动目标的实时情况和准确位置。它是采用 GPS 技术、GSM（Global system for mobile communications，全球移动通信系统）技术、GIS 技术和计算机网络通信与数据处理技术，在现有 GSM、GPRS（General packet radio service，通用分组无线业务）通信系统的基础上开发出的一套社会综合防范和远程监控、通信、管理、调度系统。

（4）监控及图像传输系统：监控系统对监控场所（包括市级机关、交通路口、公共场所、金融机构、大型商场、邮电通信枢纽、车站、码头等）进行实时监控，对所需的各种视频、音频、计算机文字、图形信息等进行收集、选取、存储，并控制显示在大屏幕、大尺寸视频监视器和多媒体终端等显示设备上。

（5）视频会议系统：应急指挥中心能与各应急联动业务部门现有的会议系统联网，召开应急电视电话会议。

（6）大屏幕显示系统：主要进行应急地理信息显示、应急车辆状态显示、气象显示、应急实力显示、灾情受理地点显示、主要交通状态显示和部分重点保卫目标监控显示等。

2.3.3 城市应急联动系统的典型结构

城市应急联动系统是一种信息系统，它由信息基础设施和信息服务系统组成。信息基础设施由公用电信网络和公用计算机系统组成。信息基础设施支持多种多样的信息服务系统，如图 2.5 所示。由图 2.5 可知，它支持用户以计算机、公用电话、移动电话等形式进行报警，分别以路由器或交换机接入到指挥中心。同时，指挥中心可以以计算机网络、电信网络与上级相连，接受指示和上报相关情况。这是以现在的基础网络为基础构建的系统，在实际中，还可能增加一些新的手段，与上级系统保持互联，如卫星手段，也可能增加一些新的手段来提供接入或区域覆盖，如宽带无线手段、升空平台手段等。

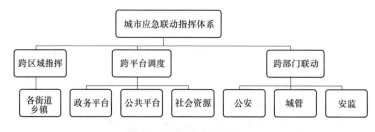

图 2.5　城市应急联动架构

信息基础设施有时也称为"平台"，如固定支持平台、移动支持平台。信息基础设施是公用的，一个信息基础设施可能支持多种多样的信息业务系统。信息业务系统是在信息基础设施的支持下，具体完成各种特定功能的系统。

在一个城市应急联动系统中，从基本功能方面划分，可分为信息获取服务系统、应急智能系统和决策指挥系统三类业务系统；从具体功能划分，可能存在多种多样的信息服务系统。例如，电话指挥信息服务系统、视频会议信息服务系统、信息报告服务系统、监测监控信息服务系统、预测预警信息服务系统、风险分析信息服务系统、辅助决策信息服务系统、综合协调信息服务系统、资源管理和保障信息服务系统、模拟演练信息服务系统、总结评估信息服务系统、日常公共安全数据信息的汇集与报送、数字化应急预案的管理与完善、隐患分析和风险评估、重大突发公共事件的接报与现场信息的实时获取和分析、灾害事故的发展预测和影响分析、预警分级与信息发布、应急方案的优化确定与启动、动态的应急决策指挥和资源、力量调度、事故过程的再现与分析、应急行动的总体功效评估和应急能力评价等。

应急通信指挥系统的功能结构如图 2.6 所示，它主要由信息业务系统和信息基础设施组成。信息业务系统又由指挥业务系统和通信业务系统组成。指挥业务系统由处理平台通过中间件、基本件与信息基础设施连接；而信息业务系统由通信平台与信息基础设施相连接。信息基础设施主要是指电信网络和计算机网络。

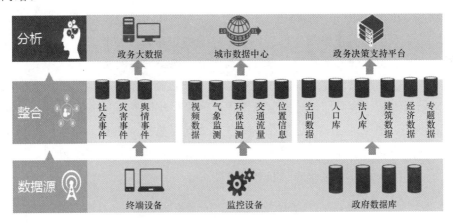

图 2.6　应急通信指挥系统的功能结构

2.3.4　典型应急联动通信指挥系统的基本子系统组成

典型的应急联动通信指挥系统由技术支持部分、业务处理部分和管理决策部分组成。

1．技术支持部分

（1）地理信息系统。地理信息系统可实现内部各类信息（部门、人员、车辆、视频、电话、案件等）的数字地图显示，对案件进行快速定位，对部门、人员、车辆进行定位、查询和统计，可以将各种事件接入手段集成到一个统一的图形化界面进行处理，直观快捷，操作方便。

（2）车辆监控系统。车辆监控系统为执法车辆安装 GPS 终端设备，根据综合指挥信息系统的需要进行功能定制，结合 GIS 系统，提供车辆定位、指令下达、告警上传、历史轨迹查询和实时语音通话等服务，为移动指挥车和执法车提供定位功能，并可以与指挥中心保持双向联系。

（3）视频监控系统。移动视频监控系统通过建设视频监控点、中心视频接收点，为移动取证和移动办公功能提供技术支撑。结合 GIS 系统，视频监控系统可以将视频监控点和移动视频监控点的视频信号接入指挥系统，实现实时监控、视频窗口、云台控制、录像抓拍等功能，并可实现摄像机故障实时检测和报警形成系统运行状况报表。

（4）语音通信系统。语音通信系统主要为接收市民电话、短信投诉的功能提供技术支撑，接收市民电话与应急业务相关的投诉，并把投诉信息反馈给相关职能部门进行处理。同时开通三方通话功能，有紧急投诉时，让市民—话务员—职能部门专线三方同时通话进行处理。

（5）资源管理系统。系统内部的资源主要包括执勤人员、移动视频车辆、CCTV（closed-circuit television，闭路电视）监控点、GPS 车辆信息、巡逻路段、大队管辖区、物资仓库等。本系统专门提供对这些资源的录入和维护功能，录入和维护时既可以基于窗体的界面实现，也可以基于电子地图的界面实现。

（6）系统维护管理系统。系统维护管理系统包括组织机构信息维护、联动单位基础信息维护、视频监控分布信息维护、区级行政边界信息维护、GPS 终端部署信息维护、基层部位责任区域信息维护、系统部件信息维护、系统资源信息维护、系统用户管理、系统角色管理、系统角色权限管理、用户角色分配、系统日志管理、系统参数管理及在线帮助系统。

2．业务处理部分

（1）事件接入系统。通过系统提供的电话投诉接入、短信投诉接入、视频投诉接入、执法队员自巡接入等投入方式接收到事件信息后，结合 GIS 系统、视频监控系统及语音通信系统等技术支撑系统对事件进行确认处理，然后对确认的事件进行立案和记录，供事件处理或咨询建议使用。

（2）移动办公系统。移动办公系统实现办案单位与监控中心之间的协同工作，办案单位包括系统内部门、联动单位、移动指挥车、巡逻车辆、值勤人员。车辆通过车载计算机系统实现移动办公、值勤人员通过 PDA（personal digital assistant，个人数字助理）办公，移动指挥车在移动办公子系统的基础上增加 GIS 系统、语音通信系统和视频监控系统。

（3）应急指挥系统。对于事前计划的重大联合行动，领导小组的办公地点可以设在指挥中心，根据视频系统及通信系统进行远程指挥。对于突发事件，可以采取指挥的办法，即通过在特制的指挥车中安装相应的视频系统和无线通信设备，实现随时随地的指挥，由此达到在指挥人员不能来到监控中心的情况下也可以实现对事件的全程指挥。

（4）行动管理系统。对于长期存在的违法地段和违法事件，需要定期或不定期采取综合执法行动，调动多种资源，运用一套完整的行动方案，才能达到综合治理的效果。另外，为配合其他社会联动部门的综合治理，也需要预先制订行动计划，为了不与日常的工作相冲突，需要在行动之前进行资源调度，安排相关人员和车辆的行动。

（5）预案管理系统。对某种可能发生的事件制定各种预案文件，并支持对预案文件的查询和调阅，同时针对某种可能发生的事件预先定义各种执行或报告方案。对各种灾害事件发生的条件进行定义，当事件条件满足时，自动执行行动方案，将调度指令派发给相应的负责人，进行应急处理，最后将处理结果进行归档处理。

3．管理决策部分

（1）决策支持系统。决策支持系统包括数据统计分析及灾害评估工作。以表格、图形方式按时间段、地区、类型统计事件数量、资源使用情况、事件处理的反馈情况，以及灾害事件所产生的损失情况，作为各级单位工作业绩的资料，也可以供部门各级领导为以后的工作安排和人员管理做参考。统计分析的结果可以通过多媒体文档管理模块存档，作为决策支持子系统的专家知识库。

（2）学习评估系统。学习评估系统可对归档后的多媒体事件资料进行学习和评估，形成预案信息或员工培训材料；接收由专家系统通过事后学习、方案推演而产生的各种预案和规则，方便指挥调度模块使用。具体包括事件回放、领导批注、专家评估、员工培训等内容。

（3）信息发布与查询系统。信息发布与查询系统可发布与查询视频信息和投诉案件的处理情况，主要包括通过 Internet 以 Web 方式、通过手机短信方式对市民发布投诉案件的处理情况，以及将视频监控系统设置的视频录像通过 Web 方式对市民发布的功能。

2.4　现场应急指挥系统架构

现场抢救指挥通信系统是一种信息系统。这种信息系统由指挥业务系统和覆盖突发事件现场的电信网络组成。鉴于这种信息系统的指挥业务系统通常采用简明的电话业务系统，而电信网络通常采用多种多样的传输系统，以支持上对中央政府，下对当地政府、当地驻军、当地通信公司、现场抢救群体等指挥对象，因而通信网络相当复杂。所以，其通常也称为"应急通信指挥系统"。

2.4.1 现场救援指挥通信系统的使用要求

现场应急救援指挥通信系统的使用要求如下。

（1）基本用途：支持灾区最高指挥员实施现场指挥。

（2）电信业务：固定电话、固定会议电话、电视、图像。

（3）工作环境：覆盖整个灾区。

（4）设计目标：要求高可靠、高安全、高机动，尽可能简明；保证业务质量、保证信息内容安全，尽可能改善电信网络的安全性，尽可能提高网络资源的利用效率。

（5）使用配置：设置一个现场抢救机动指挥所，配置一个支持现场抢救指挥的应急通信网络。现场应急救援指挥通信系统的技术手段和网络架构，目前仍在讨论中，各种方案也在发展与完善中。

2.4.2 现场救援指挥通信系统的主要功能

在突发事件发生后，现场救援指挥通信系统应迅速到达突发事件现场，支持现场指挥、调度和接受上级指导。

1．对外通信功能

通过卫星通信（如果可能，也可以通过地面公网或地面互联网，甚至空中浮空平台）与上级进行通信，支持现场图像、语音、地理信息视频会议等业务。卫星通信采用"动中通"的技术，具有运动中对外通信能力。

2．智能决策

智能决策具有对现场情况实时监控、显示、分析、综合处理的功能，为事件处置、应急指挥提供决策性依据。综合应用软件运行在两台工作站和一台服务器上，其主要作用是提供指挥员及时了解突发事件的发展态势、查看各种采集数据和现场音/视频、调阅历史数据和紧急预案并做出指挥决策。

3．现场信息采集功能

在应急情况下，突发事件大多数出现在环境非常复杂的边远地区，本通信指挥车往往只能开到距高突发事件现场一定距离（几千米范围内）的场地进行应急决策与指挥调度通信。对于通信设施奇缺的突发事件现场，缺乏必要的通信手段，可将现场多参数信息传递到通信指挥车。因此，通信指挥车除与国务院应急指挥大厅之间的信息实时传输交互之外，还需要为通信指挥车不能开赴突发事件第一现场时提供无线图像传输系统，作为第一现场与之间指挥部重要的引接手段。

4．现场办公功能

当处理较大突发事件时，通信指挥车到达突发事件现场后，可迅速将局域网扩展到现场办公区，以支持现场办公区的网络接入。

5．平台之间协同工作功能

当有较大的突发事件发生时，现场常常汇聚各个行业及部门的移动指挥车，利用现场的无线宽带局域网，构建一个有中心的点对多点的无线网络，本通信指挥车可作为现场应急救援的最高指挥场所，对现场的其他应急通信车（如省厅级、市局级、各部门等）进行指挥调度，实施现场紧急救援指挥。

6．会议电视功能

在重大突发应急公共事件发生时，本通信指挥车地处突发事件现场，利用视频会议系统可以实现异地会商，听取上级领导指示和专家意见，及时开展各项应急指挥调度工作。既可以听到对方的声音，又可以看到对方的视频，大大提高了会商、分析、协调、处理等应急工作的效率。

7．视频图像接入与显示功能

通信指挥车的图像信息直接来源于现场，信息量比较大，由于传输信道带宽受限，同时只能有一路图像接入国务院应急指挥中心。本通信指挥车配置了大屏显示器、视频切换矩阵、视频存储设备，可实时显示、记录现场情况。

车载型应急通信指挥车系统的功能如图2.7所示。

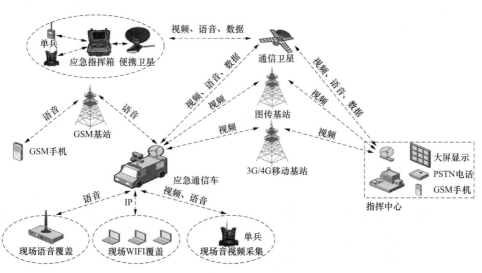

图2.7　车载型应急通信指挥车系统的功能

2.4.3 现场救援指挥系统的组成

车载型现场应急指挥系统的组成如图 2.8 所示。现场救援指挥系统作为现场的指挥中心，提供远程通信和区域通信的功能；通过远程通信接受上级指挥和控制；通过区域通信对现场各个抢救群体实施指挥。远程通信系统包括卫星通信信道和可利用的地面公用电信网络；区域通信系统包括常规电台和集群通信系统。现场救援指挥系统的构成如下：现场网络子系统；综合网络控制子系统；业务终端子系统；综合应用子系统；对外通信子系统。

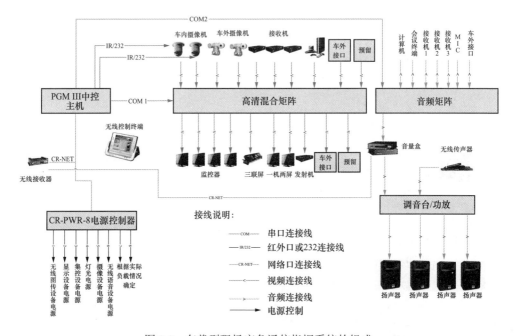

图 2.8　车载型现场应急通信指挥系统的组成

1．现场网络子系统

（1）功能。当应急通信指挥系统到达突发事件现场后，可迅速构建起现场网络系统，采集现场的视频、音频、数据等信息，对现场抢救进行指挥调度。

现场网络子系统的主要功能如下。

1）采集地理位置信息、图像信息、声音信息、环境参数信息及危险源等信息。

2）支持电话、音/视频、数据业务传输。

3）通过 350MHz 电台，或可能使用的 GSM、CDMA（Code-division multiple access，码分多址）移动电话对现场各个抢救群体进行指挥调度。

（2）现场信息采集和传输。现场信息采集和传输部分由便携式无线图像传输设备和车载式图像接收设备组成，支持非视距传输。其主要功能是采集现场音/视频信息、图像编码、现场数据传输、数据接入和图像解码。

视频采集采用 PAL 制（Phase Alternation Line Sytem）式摄像机，经 H.264 图像压缩编码后上传，可以最大限度地保证原始视频素材质量。便携式无线图像传输设备的上行信源包括视频采集、音频采集、传感器信息、地理位置定位信息。

（3）综合调度。综合通信控制器作为核心控制设备，具有针对不同通信方式的专用接口，每个接口对应一种特定的通信接入设备，如 800MHz 数字通信系统、350MHz 常规电台、短波/超短波电台、模拟电话接口、IP 电话接口或卫星电话接口等。综合通信控制器本身具有 256 路时隙交换能力，通过交换矩阵可以实现各种通信接口之间的连接，单系统的最大容量为 15 个端口，支持级联，单系统具有 30 方会议资源，能够分成 15 个通话组进行通话，也可形成 30 方大通话组。

2．综合网络控制子系统

（1）功能。综合网络控制子系统为移动应急平台车内设备提供一个互联互通的本地网络，支持接入和网络管理功能，如网管代理功能、网络配置功能、业务接入功能、路由功能、组网功能。

（2）组成及连接。综合网络控制子系统由综合网络控制设备、网络交换机、IP接入控制器、路由器及 N-port 串行通信设备组成。

综合网络控制设备实现网络控制、对外传输控制及系统管理功能；网络交换机实现移动车内局域网并提供业务接入 LAN（local area network，局域网）接口；IP 接入控制器实现业务捕获申请信道、IP 加速、路由配置等功能；路由器实现对外传输的 IP 路由。

（3）各种业务 QoS（Quality of service，服务质量）保证。本系统采用差别服务模型来保障各种业务质量。差别服务模型是一种基于类的技术，它在网络边界将数据流按要求进行简单的分类，并根据业务的不同服务等级约定，有差别地进行流量控制和转发来解决拥塞问题。差别服务模型的主要实现技术有报文分类、拥塞管理、拥塞避免、流量整形与监管等。

本系统中主要的业务类型有 VoIP 电话、视频、图像及综合数据业务，其中 VoIP 电话业务优先级最高，视频、图像业务次之，综合数据业务最低。

3．业务终端子系统

业务终端子系统支持实现各种业务（语音、图像、视频会议）功能的硬件设备，包括用于实现语音通信、图像切换与编码传输、会议电视、现场办公、卫星导航定位等多种业务的终端设备。

（1）语音通信功能。语音网关是把因特网和电话网这两种不同特性的网络互联起来的设备，具备语音信号处理、信令转换、呼叫应答、选择路由等多种功能。

（2）图像切换与编码传输功能。图像切换与传输功能主要依靠音/视频矩阵切换器、视频服务器等设备实现。通过多画面分割器及音/视频矩阵的切换，可以把所需的音/视频信息在扬声器和大屏显示器上播放出来。大屏显示器通过多画面分割器及视频矩阵切换器可实时单画面或多画面播放。播放信号包括现场采集传输回来的图像信息、车外摄像机采集的图像信息、会议电视信息、预警预测、智能决策信息、现场办公便携式计算机的显示信息等。

（3）会议电视功能。会议电视功能主要依靠会议电视终端等设备实现。本系统配置支持 H.323 V4 的视频会议终端；支持双路视频传送，支持 PPPoE（Point-to-point protocol over ethernet，以太网点对点协议）和最新的 H.264 标准；内置多点控制单元（Multipoint control unit，MCU），设备内置的 PCU 支持 5 点 IP＋ISDN（Integrated services digital network，综合业务数字网）同时开会，支持主席控制和声音自动控制方式。

（4）现场办公功能。现场办公功能主要依靠多功能一体机、便携式笔记本计算机和其他办公设备实现。这些设备小巧、节能、性能稳定，既可固定安装使用，也可以搬移使用。受空间限制，可选择一台集打印、复印、扫描、传真于一体的现代化多功能网络办公设备。

（5）卫星导航定位功能。卫星导航定位功能主要依靠北斗 GPS 双模用户等设备实现。车内载北斗 GPS 双模用户机是将北斗和 GPS 系统的天线与主机进行集成设计的一款导航定位终端，便于用户在不改变车体结构的情况下快速安装使用。

（6）组成。业务终端子系统的具体设备组成为 1 个车顶摄像机、1 台视频矩阵切换器、1 台多画面分割器、1 台大屏显示器、1 台硬盘录像机、2 台扬声器、1 台图像编码器、1 套 VoIP 网关电话、1 套定位终端、1 台便携式笔记本计算机、1 台办公式功能一体机、1 套会议电视终端。

4．综合应用子系统

（1）功能。综合应用子系统是装载在本系统中的应用软件系统，运行在工作站和服务器上。其主要作用是支持指挥员及时了解突发事件的发展态势、查看各种采集数据和现场音/视频、调阅历史数据和紧急预案并做出指挥决策。

综合应用子软件系统的功能主要有综合业务管理、预测预警、智能决策、指挥调度、应急保障、数据库管理、综合信息显示。

（2）组成。

1）硬件设备组成。综合应用子系统设备由一台服务器、两台工作站、一台网络交换机、一台液晶显示器和一台共享器组成。服务器采用机架式，可安装在标准的 19 英寸（1 英寸＝2.54cm）机柜内。通过共享器，服务器和工作站共用一套键盘、鼠标和液晶显示器。

2）软件系统组成。

a．操作系统：服务器和工作站的操作系统均选用 Microsoft Windows 标准版。

b．应用软件功能：GPS 定位和地理信息分析能力；具备信息分析处理功能，并具备一定的态势分析和预警能力；数据库检索调阅能力。

c．数据库管理软件：采用 ORACLE，软件版本与指挥中心保持一致；移动应急平台的数据库结构、表名等与指挥中心数据库保持一致。

d．网络安全软件：服务器和工作站均安装相应的网络安全软件，包括软件防火墙和防病毒软件，并保证定期更新。

5．对外通信子系统

（1）对外通信信道的建立过程。

1）点到点卫星通信链路的建立过程。对外通信子系统网管代理提出信道请求送达中心站网管中心，网管中心根据在数据库中保存的各站资源配置情况，为通信双方站分配一对相应带宽的信道中心频率，并通知网管代理配置站内的 Modem（调制解调器），建立 Modem 之间的通路；同时网管中心分配两个 IP 地址给两个站路由器端口（WAN 端口），站内 IP 控制器根据网管中心分配的通信双发站的路由器 WAN（Wide area network，广域网）端口 IP 地址，为本站 WAN 端口添加点到点路由，建立路由器到路由器的通路。

2）点到多点广播链路的建立过程。此类型链路主要用于图像广播。网管中心分配一个广播信道（相应带宽），通知图像广播站和接收站，广播站网管代理配置业务 Modem 发送频率，开载波，接收站配置业务 Modem 接收频率为分配的广播信道中心频率，建立一 Modem 到多 Modem 的广播卫星通路。同时，网管中心为广播站路由器、接收站路由器使用的 WAN 端口各分配一个在同一网段的 IP 地址，站内 IP 接入控制器在接收到网管中心通知后，添加点到点路由，使广播站来的 IP 分组可以到达接收站的局域网。

3）按需请求卫星信道。卫星通信网有专用网管时，具有按需请求卫星信道功能。在需要时，综合网络控制系统通过卫星通信网管信道向中心站申请信道。

4）固定分配卫星信道。在任务准备阶段，预先通过其他通信手段获得中心站分配的业务信道参数，通过综合网络控制软件界面输入系统中，手动建立到中心站的传输链路。

5）通过公网的路由建立。对外通信子系统通过本地公用电信网络与北京中心站通信，可在本系统内分配 VPN（Virtual private network，虚拟专用网），利用专线或 ADSL（Asymmetric digital subscriber line，非对称数字用户线）电路，接入本地公用电信网络。

（2）业务接入。

1）数据业务接入。数据业务通过数据终端（计算机）接入卫星通信网，计算机终端直接连接到网络交换机上。其提供终端到终端之间的点到点卫星通信连接，支持基于 IP 网络传输的点到点的传输协议（如 TCP、UDP、Telnet 等）。

2）语音/传真业务接入。语音通过语音网关接入网络。语音网关提供 FXS/FXO 接口，可以直接与电话/传真单机连接，也可以与电话交换机连接，实现电话中继功能。

3）视频会议业务接入。移动车与视频会议系统中心站建立链路后（卫星通信信道或公网），车内的视频会议终端与视频会议中心建立连接，因为视频会议系统是一个独立的系统，移动车内的视频会议终端作为视频会议的一个分会场加入视频会议系统中。移动车内的视频会议终端加入视频会议系统成功后，可以在视频会议系统中心组织召开视频会议，选择回传会场、请求广播、请求发言等。

4）图像传输业务接入。图像传输业务通过视频服务器接入到网络。视频服务器提供 AV 接口和网络接口，AV 接口用于连接音/视频输入设备（如摄像机），网络接口与网络交换机连接，然后通过 IP 接入控制器和路由器配置的组播路由功能实现图像业务的广播的指定站点的回传。

3

现场信息采集与处理

3.1 音/视频信息采集

在应急情况下，必须在现场与应急指挥中心之间建立起良好的通信联络，确保语音、数据和视频等应急信息的可靠传输。这其中的前端，就是音频、视频等应急信息的有效采集。

3.1.1 语音终端

在应急通信中，利用现场点到点的电话链路、VHF/UHF（Very high freguency/ultra high freguency，甚高频/特高频）电台、卫星电话、广播电台都可以支持电话业务。

1．电话机

将电话机接入公用交换电话网（Public switched telephone network，PSTN）进行语音通信。由于电话机可以由交换局供电，因而不受家庭或企业断电的影响。

2．手机或移动电话

突发情况下，只要还有部分基站未被破坏，移动电话系统就能够方便地支持应急通信，并且可以提供清晰的位置信息。即使打电话的人不知道自己在哪里，也可以追踪到他的位置。

3．卫星终端和卫星电话

国际海事卫星移动终端主要包括 4 类：①标准型，M 终端和微型 M 终端，支持电子邮件和传真业务；②标准 C 终端，是全球海上遇险和安全系统（Global maritime distress and/or safety system，GMDSS）的组成部分，支持电子邮件和电传业务；③标准 B 终端，支持 ISDN 业务；④Inmarsat-GAN（M4），轻便终端，支持 ISDN 业务。

手持卫星电话即全球卫星电话，可以在有同步覆盖的地面 GSM 网络上工作，支持优质电话业务。

4．无线电对讲机

通常将工作在超短波频段（VHF30～300MHz、UHF300～3000MHz）的无线电通信设备统称为无线电对讲机通信系统。实际上，按照国家标准，应当把超短波调频无线电话机称为无线电对讲机。通常，人们把功率小、体积小的手持式无线电话机称为"对讲机"；而将功率大、体积较大的可装在车（船）等交通工具或固定使用的无线电话机称为"电台"。

3.1.2 视频终端

视频图像信息采集通常由视频监控前端设备完成，主要包括摄像机、镜头、云台及相应的编/解码器等，它们可以按照球形机或枪式机等方式进行安装。

1．云台

云台是安装摄像机的工作台，用于摄像机与安装架之间的连接。它有手动云台（又称为半固定支架云台）和电动旋转云台之分，手动云台用于定点拍摄，电动旋转云台可用控制电压驱动云台在水平和垂直两个方向进行全方位扫描，在视频监控系统中得到广泛的应用。云台的主要技术性能指标有承载能力、旋转范围、旋转速度和抗环境性能等。

2．球形机

球形机即球形（或半球形）一体机，它把CCD（Charge coupled device，电荷耦合器件）摄像机、光学镜头、旋转云台、控制镜头和云台的解码器、防护外罩和安装底座等集成在一个球罩内，结构紧凑，可采用悬吊、吸顶或支架等方式安装，一般以室内应用为主。

3．枪式机

枪式机把CCD摄像机、光学镜头、旋转云台、控制镜头和云台的解码器等集成在一个安装底座上，但防护外罩只保护摄像机和光学镜头。其具有很好的抗环境性能和抗电磁干扰性能，室内、室外均可应用，但体积较大，只适合支架式安装。

4．移动视频信息采集

移动视频信息采集主要由车载视频采集终端和便携式视频采集终端完成，便于相关人员实时了解现场的状况、态势和应急处理过程等。

便携式视频采集终端即移动终端，可以是PDA、手机，也可以是笔记本式计算机＋无线上网、手持摄像机＋无线电台等，其主要利用公用无线网络上传采集到的视频信息。

3.2 无线定位

3.2.1 GPS定位

1．GPS概述

GPS 是美国从 20 世纪 70 年代开始研制，历时 20 年，耗资 200 亿美元，于 1994 年全面建成的利用导航卫星进行测时和测距，具有在海、陆、空进行全方位实时三维导航与定位能力的新一代卫星导航与定位系统。如今，GPS 已经成为当今世界上最实用，也是应用最广泛的全球精密导航、指挥和调度系统。

GPS 系统主要包括有三大组成部分，即空间星座部分、地面监控部分和用户设备部分。

（1）空间星座部分由 21 颗工作卫星和 3 颗在轨备用卫星组成 GPS 卫星星座，记作（21＋3）GPS 星座。24 颗卫星均匀分布在 6 个轨道平面内，轨道平面相对于赤道平面的倾角为 55°，各个轨道平面之间的交角为 60°。每个轨道平面内的各卫星之间的交角为 90°，任一轨道平面上的卫星比西边相邻轨道平面上的相应卫星超前 30°。

（2）地面监控部分目前主要由分布在全球的一个主控站、3 个信息注入站和 5 个监测站组成。对于导航定位来说，GPS 卫星是一动态已知点，星的位置是依据卫星发射的星历（描述卫星运动及其轨道的参数）计算的。每颗 GPS 卫星所播发的星历，是由地面监控系统提供的。卫星上的各种设备是否正常工作，以及卫星是否一直沿着预定轨道运行，都要由地面设备进行监测和控制。

地面监控系统的另一重要作用是保持各颗卫星处于同一时间标准——GPS 时间系统。这就需要地面站监测各颗卫星的时间，求出时钟差，然后由地面注入站发给卫星，卫星再由导航电文发给用户设备。

GPS 的空间部分和地面监控部分是用户广泛应用该系统进行导航和定位的基础，均为美国所控制。

（3）用户设备部分，即 GPS 信号接收机。它的任务是，能够捕获到按一定卫星高度截止角所选择的待测卫星的信号，并跟踪这些卫星的运行，对所接收到的 GPS 信号进行变换、放大和处理，以便测量出 GPS 信号从卫星到接收机天线的传播时间，解译出 GPS 卫星所发送的导航电文，实时地计算出观测站的三维位置，甚至三维速度和时间，最终实现利用 GPS 进行导航和定位的目的。

静态定位中，GPS 接收机在捕获和跟踪 GPS 卫星的过程中固定不变，接收机高精度地测量 GPS 信号的传播时间，利用 GPS 卫星在轨的已知位置，解算出接收机天线所在位置的三维坐标。而动态定位则是用 GPS 接收机测定一个运动物体的运行轨迹。GPS 信号接收机所位于的运动物体称为载体（如航行中的船舰、空中的飞机、行走的车辆等）。载体上的 GPS 接收机天线在跟踪 GPS 卫星的过程中相对地球而运动，接收机用 GPS 信号实时地测得运动载体的状态参数（瞬间三维位置和三维速度）。

接收机硬件和机内软件，以及 GPS 数据的后台处理软件包，构成完整的 GPS 用户设备。GPS 接收机的结构分为天线单元和接收单元两大部分。对于观测地型接收机来说，两个单元一般分成两个独立的部件，观测时将天线单元安置在观测站上，接收单元置于观测站附近的适当地方，用电缆线将两者连接成一个整机，也有的将天线单元和接收单元制作成一个整体，观测时将其安置在测站点上。

2．GPS 的定位原理

GPS 系统采用高轨测距体制，以观测站至 GPS 卫星之间的距离作为基本观测量。为了获得距离观测量，主要采用两种方法：一种是测量 GPS 卫星发射的测距码信号到达用户接收机的传播时间，即伪距测量；另一种是测量具有载波多普勒频移的 GPS 卫星载波信号与接收机产生的参考载波信号之间的相位差，即载波相位测量。采用伪距测量定位速度最快，而采用载波相位测量定位精度最高。通过对 4 颗或 4 颗以上的卫星同时进行伪距或相位的测量即可推算出接收机的三维位置。

按定位方式，GPS 定位分为单点定位和相对定位（差分定位）。单点定位就是根据一台接收机的观测数据来确定接收机位置的方式，它只能采用伪距测量。相对定位（差分定位）是根据两台以上接收机的观测数据来确定观测点之间的相对位置的方法，它既可采用伪距测量又可采用相位测量。

在定位观测时，GPS 定位分为动态定位和静态定位。若接收机相对于地球表面运动，则称为动态定位；若接收机相对于地球表面静止，则称为静态定位。

3．GPS 的主要特点

GPS 系统与其他导航系统相比，具有如下 6 个主要特点。

（1）定位精度高。应用实践已经证明，GPS 相对定位精度在 50km 以内可达 10^{-6}，$100 \sim 500$km 可达 10^{-7}，1000km 可达 10^{-9}。此外，GPS 可为各类用户连续地提供高精度的三维位置、三维速度和时间信息。

（2）观测时间短。随着 GPS 系统的不断完善，软件的不断更新，目前，20km 以内快速静态相对定位，仅需 $15 \sim 20$min；快速静态相对定位测量时，当每个流动站与基准站相距在 15km 以内时，流动站观测时间只需 $1 \sim 2$min，然后可随时定位，每站观测只需几秒钟，实时定位速度快。目前 GPS 接收机的一次定位和测速工作在 1s 甚至更短的时间内便可完成，这对高动态用户来讲尤其重要。

（3）执行操作简便。随着 GPS 接收机不断改进，自动化程度越来越高，有的已达"傻瓜化"的程度；接收机的体积越来越小，质量越来越轻，极大地减轻了测量工作者的工作紧张程度和劳动强度，使野外工作变得轻松愉快。

（4）全球、全天候作业。由于 GPS 卫星数目较多且分布合理，所以在地球上任何地点均可连续同步地观测到至少 4 颗卫星，从而保障了全球、全天候连续实时导航与定位的需要。目前 GPS 观测可在 1 天 24h 内的任何时间进行，不受阴天黑夜、起雾刮风、下雨下雪等气候的影响。

（5）功能多、应用广。GPS 系统不仅可用于测量、导航，还可用于测速、测时。测速的精度可达 0.1m/s，测时的精度可达几十毫微秒。其应用领域不断扩大。

（6）抗干扰性能好、保密性强。由于 GPS 系统采用了伪码扩频技术，因而 GPS 卫星所发送的信号具有良好的抗干扰性和保密性。

3.2.2 北斗定位

1. 系统功能

中国北斗卫星导航系统是中国自行研制的全球卫星导航系统，是继美国 GPS、俄罗斯格洛纳斯导航卫星系统（Global navigation satellite system，GLONASS）之后第三个成熟的卫星导航系统。

北斗卫星导航系统是我国自主研发的全球四大导航系统之一，此系统主要由空间部分、地面控制管理和用户终端 3 部分组成。空间端主要有 5 颗静止轨道卫星和 30 颗非静止轨道卫星。地面端主要包括主控站、注入站及监测站等若干个地面站。北斗卫星导航系统具有以下四大功能。

（1）快速定位。地面中心发出的 C 波段测距信号含有时间信息，经过卫星—测站（用户）—卫星，再回到地面中心，由出入站信号的时间差可计算出距离。北斗卫星导航系统可提供全天候、高精度、快速实时定位服务。

（2）实时导航。北斗卫星导航系统地面中心有庞大的数字化地图数据库和各种丰富的数字化信息资源，地面中心根据用户的定位信息，参考地图数据库可迅速计算出用户距目标的距离和方位。另外，用户收发机也具有一定的信息存储和处理能力，可以设置多个航路点、目标点、用户航行允许最大偏差等信息，计算用户距目标的距离和方位，导引用户到达目的地。

（3）简短通信。用户与用户之间、用户与中心控制系统之间均可实行双向简短数字报文通信。通信过程为地面控制中心接收到用户发来的响应信号中的通信内容，解读后再传送给收件用户端。一般用户 1 次可传输 36 个汉字，经过批准的特殊少量用户可连续发送 120 个汉字。

（4）精密授时。系统具有单向和双向两种定时功能。中心控制系统定时播发授时信息，由用户确定自己的准确时间并与地面中心进行严格的时间同步。单向授时终端的时间同步精度为 100ms，双向授时终端的时间同步精度为 20ns。

北斗卫星导航系统的基本工作原理是双星定位：以两颗在轨卫星的已知坐标为圆心，各以测定的卫星至用户终端的距离为半径，形成两个球面，用户终端将位于这两个球面交线的圆弧上。地面中心站配有电子高程地图，提供一个以地心为球心、以球心至地球表面高度为半径的非均匀球面。用数学方法求解圆弧与地球表面的交点即可获得用户的位置。

用户利用一代北斗卫星导航系统定位的办法是，首先是用户向地面中心站发出请求，地面中心站再发出信号，分别经两颗卫星反射传至用户，地面中心站通过计算两种途径所需的时间即可完成定位。一代北斗卫星导航系统与 GPS 不同，对所有用户位置的计算不是在卫星上进行，而是在地面中心站完成的。因此，地面中心站可以保留全部北斗用户的位置及时间信息，并负责整个系统的监控管理。由于在定位时需要用户终端向定位卫星发送定位信号，由信号到达定位卫星时间的差值计算用户位置，所以被称为有源定位。

卫星导航已广泛用于沙漠、山区、海洋等人烟稀少地区的搜索救援。在发生地震、洪灾等重大灾害时，救援成功的关键在于及时了解灾情并迅速到达救援地点。北斗卫星导航系统除导航定位外，还具备短报文通信功能，通过卫星导航终端设备可及时报告所处位置和受灾情况，有效缩短救援搜寻时间，提高抢险救灾时效，大大减少人民生命财产损失。

2．系统组成

北斗卫星导航系统由空间部分、地面控制管理部分及用户终端 3 部分组成，如图 3.1 所示。

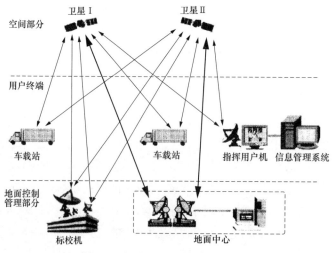

图 3.1　北斗卫星导航系统的组成

（1）空间部分。空间部分通常有两颗地球同步卫星同时工作，每颗卫星均主要由 C/S 和 L/C 两个转发器组成。

（2）地面控制管理部分。中心控制站位于北京，是整个系统的管理控制处理中心。中心控制站由 5 个分系统组成，即信号收发分系统、信息处理分系统、监控分系统、时统分系统、测试分系统。中心控制站与两颗工作卫星进行双向通信，上下行频率均为 C 波段。30 多个标校站分布于全国各地，每个标校站均设置于已知精确位置的固定点上，用于对整个工作线路中各环节的时延特性进行监测和标校处理。

（3）用户终端。用户机是整个系统的定位定时和通信终端，可用于陆地、海洋和空中的各种用户，满足用户对导航定位、定时授时及通信方面的需求。用户机及标校机与卫星之间的双向通信上行频率为 L 波段，下行为 S 波段。

3．基本工作原理

（1）定位原理。

北斗卫星导航系统采用双星定位方案如图 3.2 所示，利用已知卫星位置、用户至卫星的斜距及用户的大地高度来计算。如果分别以两颗卫星为球心，以卫星到待测站的距离为半径作两个大球。因为两颗卫星在轨道上的弧度距离为 60°（备份星离两颗星都约为 30°），即两颗卫星的直线距离约为 42000km，这一直线距离小于卫星到观测站的两个距离之和（约为 72000km），所以两个大球必定相交。它们的相交线为一大圆，称为交线圆。由于同步卫星轨道面与赤道面重合，因此，通过远离赤道的地面点的交线圆必定垂直穿过赤道面，在地球南北两半球各有一个交点，其中一个就是待测站。但是，地

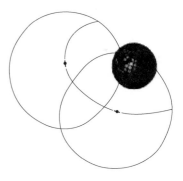

图 3.2　北斗双星定位原理

球表面并不是一个规则的椭球面，即用户一般不在参考椭球面上，须事先给定待测站地面点的大地高度，才能唯一地确定待测站位置。不过待测站的交线圆与待测站水平面不一定总相交，有时可能相切（赤道上）或近似重合（赤道附近）。当交线圆与地球表面垂直相交，交会出的待测站是唯一的，定位精度高；当交线圆与地球表面缓慢相交，交会出的待测站纬度值将会有很大的误差，定位精度差。由于地形的复杂性，即使在中纬度地区山区也可能产生交线圆与地球表面缓慢相交。这些地区称为双星定位的"模糊区"。另外，因为地球同步卫星只能覆盖南北纬 81°之间的区域，所以 81°以上区域是双星定位的"盲区"。盲区和模糊区的存在是双星定位几何上的弱点。

（2）站间报文通信原理。

从地面中心站发出询问信号到用户获得定位和导航信息，数据流程时间约为0.6s。中心站发出的询问信号与用户站响应的入站信号中均留有通信信息段，在进行站间简短报文通信时（包括用户站之间、用户与中心站之间），只需将报文信息填入该段内，并填上发文地址（发信方）与接收地址（收信方）即可完成站间简短报文通信。

（3）授时与定时原理。

地面中心站将在每一超帧周期内的第一帧的数据段发送标准时间（天、时、分信号与时间修正数据）和卫星的位置信息，用户接收此信号与本地时钟进行比对，并计算出用户本地时钟与标准时间信号的差值，然后调整本地时钟与标准时间对齐（单向授时）；或将对比结果通过入站线路经卫星转发回地面中心，由地面中心精确地计算出本地时钟和标准时间的差值，再通过出站信号经卫星1或卫星2转发给用户，用户按此时间调整本地时钟与标准时间信号对齐（双向授时）。

4．系统应用

根据"北斗一号"卫星导航系统用户机的应用环境和功能的不同，可以将"北斗一号"卫星导航系统的用户机划分成如下5类。

（1）基本型：适合于一般车辆、船舶及便携等用户的导航定位应用，可接收和发送定位信息，可与中心站及其他用户终端双向通信。

（2）通信型：适合于野外作业、水文测报、环境监测等各类数据采集和数据传输用户，可接收和发送短信息、报文，可与中心站和其他用户终端进行双向或单向通信。

（3）授时型：适合于授时、校时、时间同步等用户，可提供数十纳秒级的时间同步精度。

（4）指挥型用户机：适合于小型指挥中心的指挥调度、监控管理等应用，具有鉴别、指挥下属其他"北斗一号"卫星导航系统用户机的功能。可与下属"北斗一号"卫星导航系统用户机及中心站进行通信，接收下属用户的报文，并向下属用户播发指令。

（5）多模型用户机：既能接收"北斗一号"卫星导航系统卫星定位和通信信息，又可利用GPS或GPS增强系统导航定位，适合于对位置信息要求比较高的用户。

"北斗一号"卫星导航系统已经正式宣布向民用开放，这是一个非常好的决策。由于"北斗一号"卫星导航系统具有定位和短信功能，所以尤其适合于特殊应用，如海上、边远与人口稀少地区、沙漠荒原、山高林密、内陆水路、长途运输等特定地区和特殊行业应用；适合于普通的无线网络无法覆盖的地区或跨区域应用。其具体可广泛应用于船舶运输、公路交通、铁路运输、海上作业、渔业生产、水文测报、森林防火、环境监测等众多领域。"北斗一号"卫星导航系统可以有以下几种应用模式。

（1）小型集团监控应用。移动目标配置基本型"北斗一号"卫星导航系统用户机，集团监控中心配置指挥型用户机和相应的计算机设备及监控软件，快速构建实用的监控管理应用系统。

（2）大型集团监控应用。移动目标配置基本型"北斗一号"卫星导航系统用户机，集团监控中心配置"北斗一号"卫星导航系统天基指挥所设备，通过地面网络接入"北斗一号"卫星导航系统运营服务中心，完成大规模、跨区域的移动目标监控管理和指挥调度。

（3）自主导航应用。利用"北斗一号"卫星导航系统基本型用户机、多模型用户机进行车辆、船舶等的自主导航。

（4）通信应用。利用北斗通信终端，实现点对点、点对多点的通信。这种应用模式适合于各类数据采集和数据传输用户，如水文观测、环境监测等。

（5）授时应用。利用"北斗一号"卫星导航系统授时终端，进行通信、电力、铁路等网络的精确授时、校时、时间同步等操作。

4

应急通信的无线传输技术

随着无线通信技术的广泛应用，传统的有线网络通信已经越来越不能满足人们应急通信的需求，于是基于无线网络的应急通信应运而生，且发展迅速。无线网络正以它优越的灵活性和便捷性在应急应用中发挥日益重要的作用。

无线网络是无线通信技术与网络技术相结合的产物。从专业角度来讲，无线网络就是通过无线信道来实现网络设备之间的通信，并实现通信的移动化、个性化和宽带化。通俗地讲，无线网络就是在不采用网线的情况下，提供以太网互联功能。

4.1　无线信道的特性

移动通信系统是依靠无线信道实现的，它是复杂的无线通信信道之一。移动通信系统的性能主要受到无线信道的制约，无线信道环境的好坏直接影响通信质量的好坏。

移动通信信道的主要特点有以下几个。

（1）传播的开放性：一切无线信道都是基于电磁波在空间传播来实现信息传播的。

（2）接收点地理环境的复杂性与多样性，一般可将地理环境划分为下列 3 类典型区域。

1）高楼林立的城市中心繁华区。

2）以一般性建筑物为主的近郊小城镇区。

3）以山丘、湖泊、平原为主的农村及远郊区。

（3）通信用户的随机移动性：慢速步行时的通信；高速车载时的不间断通信。

无线信号从发送机到接收机的过程中，受到地形或障碍物的影响，会发生反射、绕射、衍射等现象，接收机接收到的信号是由不同路径的来波组合而成的，这种现象称为多径效应。由于不同路径的来波到达时间不同，导致相位不同。不同相位的来波在接收端因同相叠加而加强，因反相叠加而减弱，会造成信号幅度的变化，称为衰落，这种由多径引起的衰落称为多径衰落。当发射机与接收机之间存在相对运动时，接收机接收的信号频率与发射机发射的信号频率不相同，这种现象称为多普勒效应，接收频率与发射频率之差称为多普勒频移。

无线移动通信系统的性能主要受无线信道的影响，具有较强的随机性。复杂的信道特性对于无线通信来说不可避免，因此要保证信号的传输质量，必须采用各种措施来减少由于衰落造成的不利影响。

4.1.1 大尺度衰落

大尺度衰落是指描述发射机和接收机之间长距离（几百米或几千米）上的场强变化。

大尺度衰落是由于发射机与接收机之间的距离和两者之间的障碍物引起的平均信号能量减少，包括路径损耗和阴影衰落。其中，路径损耗是由发射功率的幅度扩散及信道的传播特性造成的，阴影衰落是由发射机与接收机之间的障碍物造成的。

1. 路径损耗

陆地传播的路径损耗的公式可简单表示为

$$L_p = Ad^\alpha$$

式中　A——传播常量；

　　　α——路径损耗系数；

　　　d——发射机与接收机的距离。

路径损耗与距离的 α 次方成正比。

在自由空间下，接收机接收的信号平均功率 P，可由下式给出：

$$\overline{P_r} = P_t \left(\frac{\lambda}{4\pi d}\right)^2 g_t g_r$$

式中　P_t——发射功率；

　　　g_t——发射天线增益；

　　　g_r——接收天线增益；

　　　λ——电波波长。

自由空间的路径损耗 L_f 定义为

$$L_f = \frac{P_t}{P_r} = \frac{1}{g_r g_t}\left(\frac{4\pi d}{\lambda}\right)^2$$

在自由空间下，路径损耗与距离的平方成反比。然而，在实际的移动环境中，接收信号的功率要比自由空间下小很多，路径损耗系数一般可取为 3~4。

2．阴影衰落

信号在传播过程中会遇到各种障碍物的阻挡，从而使接收功率发生随机变化，因此需要建立一个模型来描述这种信号功率的随机衰减。造成信号衰减的因素是未知的，所以只能用统计模型来表征这种随机衰减，最常用的统计模型是对数正态阴影模型，它可以精确地描述室内和室外无线传播环境中的接收功率变化。

阴影效应的建模是一个乘性的且通常是随时间缓慢变化的随机过程，其接收信号功率可表示为

$$P_r(t) = L_p P_t(t) P_\phi(t)$$

式中　L_p——平均路径损耗；

　　　$P_r(t)$——发射功率；

　　　$P_\phi(t)$——阴影效应的随机过程。

对数正态阴影模型把发射和接收功率的比值 $\phi = P_t/P_r$，假设为一个对数正态分布的随机变量，其概率密度函数为

$$p(\psi) = \frac{1}{\sqrt{2\pi}\sigma_{\phi_{dB}}} \exp\left[-\frac{(10\lg\phi - \mu_{\phi_{dB}})}{2\sigma_{\phi_{dB}}^2}\right], \ \phi > 0$$

式中　$\mu_{\phi_{dB}}$——以 dB 为单位的 $\phi_{dB} = 10\lg\phi$ 的均值，实测时，$\mu_{\phi_{dB}}$ 等于平均路径损耗；

　　　$\sigma_{\phi_{dB}}$——ϕ_{dB} 标准差，是以 dB 为单位的路径损耗标准差。

对数正态阴影衰落的参数一般采用对数均值 $\mu_{\phi_{dB}}$，单位是 dB，对于典型的蜂窝和微波环境，$\sigma_{\phi_{dB}}$ 的变化范围是 5~12dB。经变量代换，服从均值为 $\mu_{\phi_{dB}}$、标准差为 $\sigma_{\phi_{dB}}$ 的正态分布，即

$$p(\phi_{dB}) = \frac{1}{\sqrt{2\pi}\sigma_{\phi_{dB}}} \exp\left[-\frac{(\phi_{dB} - \mu_{\phi_{dB}})^2}{2\sigma_{\phi_{dB}}^2}\right], \ \phi > 0$$

4.1.2　小尺度衰落

小尺度衰落是指由于不同多径分量的相互干涉而引起的合成信号幅度的变化，反映的是在短距离（几倍波长）上接收信号强度的变化情况。

小尺度衰落是由于发射机与接收机之间空间位置的微小变化引起的，描述小范围内接收信号场强中瞬时值的快速变化特性，是由多径传播和多普勒频移两者共同作用的结果，包括由多径效应引起的衰落和信道时变性引起的衰落，具有信

号的多径时延扩展特性和信道的时变特性。

根据信号带宽和多径信道的相干带宽关系，将由多径效应引起的衰落分为平坦衰落和频率选择性衰落。

1. 平坦衰落

若信号的带宽小于多径信道的相干带宽，此时的信道衰落称为平坦衰落。研究表明，平坦衰落的幅度符合瑞利分布或莱斯分布。

若某一路径信号在传播过程中，存在视距路径传播时，衰落信号幅度符合莱斯分布。第 i 个时隙的衰落信号的幅度 r_i 可表示为

$$r_i = \sqrt{(x_i + \beta)^2 + y_i^2}$$

式中　　x_i，y_i——均值为 0、方差为 σ^2 的高斯随机变量；

　　　　　β——视距路径的幅度分量。莱斯信道的衰落幅度概率密度函数为

$$f_{\text{Rice}}(r) = \frac{r}{\sigma^2} \exp[-(r^2 + \beta^2)/(2\sigma^2)] I_0\left(\frac{r\beta}{\sigma^2}\right), \ r \geq 0$$

式中　　$I_0\left(\dfrac{r\beta}{\sigma^2}\right)$——修正过的零阶贝塞尔函数。把 $K = \beta^2/(2\sigma^2)$ 定义为莱斯因子，

　　　　　表示视距路径下幅度分量与其他非视距路径下幅度分量的总和比。

当反射路径的数量很多，并且没有主要的视距传播路径时，衰落信号的幅度服从瑞利分布。第 i 个时隙的衰落信号的幅度可表示为

$$r_i = \sqrt{x_i^2 + y_i^2}$$

瑞利信道的衰落幅度概率密度函数为

$$f_{\text{Rayleigh}}(r) = \frac{r}{\sigma^2} \exp[-\gamma^2/(2\sigma^2)], \ r \geq 0$$

由此可以看出，瑞利衰落信道可以看成是 $K = 0$ 时的莱斯信道。衰落参数 K 反映了信道衰落的严重性，K 越小，表示衰落越严重；K 越大，表示衰落越轻。当 $K = \infty$ 时，表示信道没有多径成分，只有视距传播路径，此时的信道即为高斯白噪声信道。

2. 频率选择性衰落

若信号的带宽大于多径信道的相干带宽，此时的信道衰落称为频率选择性衰落。此时，信道冲激响应应具有多径时延扩展，反应衰落信号相位的随机变化。频率选择性衰落是由于多径时延接近或超过发射信号周期而引起的，是影响信号传输的重要特性。信号在多径传播过程中，容易引起选择性衰落，从而造成码间干扰。为了不引起明显的频率选择性衰落，传输信号带宽必须小于多径信道的相干带宽。为了减少码间干扰的影响，通常限制信号的传输速率。

4.2 无线链路传输模型

在移动无线电环境中，传播环境的复杂多变和移动台的不断移动导致无线链路呈现复杂多变的特征，影响着无线电信号的传输质量。同时由于在实际的工程设计中，由链路预算得到的最大路径损耗必须依靠无线环境的传播模型才能转换成为小区半径。因此，研究无线通信和无线网络规划的首要问题就是研究无线传播环境对信号的传输质量的影响，也就是研究无线电信号在空中所经历的电波传播损耗，这就需要建立传播模型来模拟电信号在无线环境中的衰减情况，估算出尽可能接近实际的接收点的信号场强中值，从而进行合理的小区规划，在满足用户需求的同时又可以节约投资。

人们经过理论分析和长期的实际观测，通过建立基站与移动台之间的无线链路的统计模型，发现电波传播的损耗主要由传播路径损耗、多径衰落和慢衰落 3 个部分构成。其中，传播路径损耗主要是由于电波传播的弥散特性造成的；多径衰落通常是由移动台周围半径约 100 倍波长内的物体造成的反射，一般认为信号的均值服从瑞利分布；慢衰落是由于地形起伏和人造建筑物引起的慢衰落及由于电波的空间扩散造成的衰减，一般认为信号的均值服从对数正态分布。另外，对信号造成干扰的除了上述 3 种乘性干扰之外，还始终存在着一种服从高斯分布的加性噪声，其噪声源包括热噪声、雷电噪声等，多用户干扰及来自其他小区的干扰也常被等效为高斯白噪声。

广泛应用于工程实际的传播模型有适用于室外型大区制蜂窝结构的 Okumura-Hata、Cost 231-Hata 和适用于微蜂窝结构的 Walfish-Ikegami 经验公式等，它们都是在大量的测试数据中总结出来的信号电平随地理环境变化的衰减分布规律的经验模式。由于这些模型是在大量的统计数据中总结出的经验数据，并且是从特定的地理区域获得的，因此，它们都具有一些地区适应性，如 Okumura-Hata 更适用于准平坦地形情况、Cost 231-Hata 适用于中小城市等。在实际的工程使用中，要根据不同地区的无线环境情况有选择地使用，并且在当地进行模型校正。

在应急通信系统设计中，我们所要考虑的不仅有大区制的扇区覆盖、更有小区制及微小区制的扇区覆盖。因此，在未来的传播预测中，用到的将是一种混合的预测算法，即在大区制覆盖的地区仍然采用宏蜂窝传播模型经验公式，并且利用通过实地做连续波测试得到的修正因子来更精确地描述当地无线路径损耗。在以微小区结构为主的密集复杂城区，低于周围建筑物高度的基站和周围建筑物形状及高度、街道宽度、地形等对无线传播的影响都应在我们规划的范围之内，运用可视化技术对覆盖区域环境进行描述及射线跟踪算法来进行精确的覆盖模拟。

4.2.1　传播模型分类

根据传播模型的获得方式，通常可以将传播模型分为经验模式、半经验或半确定性模式和确定性模式。

（1）经验模式是将大量测试的结果经过统计分析得到反映无线路径损耗的公式，如 Okumura-Hata、Cost 231-Hata、LEE 模型等。

（2）半经验或半确定性模式是把确定性方法用于一般的市区或室内环境导出的公式。还可以根据实验结果对等式进行修正，得到表征天线周围地区规定特性的函数，如 Cost 231 Walfish-Ikegami 等。

（3）确定性模式是对具体的现场环境应用电磁理论计算的方法。在这种模式中，已使用的几种技术通常基于射线跟踪的电磁方法，如几何绕射理论、物理光学等。在这种模式中，无线传播与环境特征（如建筑物的高度、棱角、街道宽度、物体表面材质等）有关。

根据移动无线传播环境的不同，可将传播模型分为自由空间传播模型和非自由空间传播模型。

（1）自由空间传播模型是指充满均匀理想介质的空间，而且不存在地面和障碍物的影响。在自由空间中传播的电波不产生反射、折射、散射、绕射和吸收等现象，只存在因扩散而造成的衰减。自由空间的基本传输损耗是指位于自由空间的发射系统的等效全向辐射功率与接收系统各向同性接收天线所接收到的可用功率之比，在实际系统中只有在视距情况下发射和接收之间才可以采用自由空间传播模型。

（2）非自由空间传播模型是指在基站和移动台之间不存在直射信号，接收的信号是发射信号经过若干次反射、绕射和散射后的叠加，在某些特别空旷地区或基站天线特别高的地区存在直射传播路径。人们经过理论分析和长期的实际观测，建立了基站与移动台之间的无线信道的统计模型，电波传播的损耗主要由传播路径损耗、快衰落（多径衰落）、慢衰落等 3 个部分构成。

4.2.2　Okumura-Hata 模型

Okumura-Hata 模型是预测城区信号中使用最广泛的经验模型，一般应用的频率是 150～2000MHz，后来利用测试结果又扩展到 100～3000MHz 的频率上，适用距离为 1～20km，天线高度在 30～200m 范围内。

Okumura-Hata 模型以准平坦地形为基准，并按照地形地貌分为城区、开阔地和郊区。其路径损耗公式为

$$L_{\text{Okumura-Hata}} = A + B\lg(f) - 13.82\lg(h^{\text{BS}})\alpha(h^{\text{MS}}) + [44.9 - 6.55\lg(h^{\text{MS}})] \cdot \lg(d) + C_{\text{city}}$$

其中：

$$A = \begin{cases} 69.55 & 150\text{MHz} \leqslant f < 1500\text{MHz} \\ 46.30 & 1500\text{MHz} \leqslant f \leqslant 2000\text{MHz} \end{cases}, \quad B = \begin{cases} 26.16 & 150\text{MHz} \leqslant f < 1500\text{MHz} \\ 33.90 & 1500\text{MHz} \leqslant f \leqslant 2000\text{MHz} \end{cases}$$

$$\alpha(h^{\text{MS}}) = \begin{cases} (1.11\lg(f) - 0.7)h^{\text{MS}} - 1.56\lg(f) + 0.8 & \text{中小城市} \\ 8.29\,(\lg(1.54h^{\text{MS}})^2 - 1.1 & f \leqslant 200\text{MHz} \quad \text{大城市} \\ 3.2\,(\lg(11.75h^{\text{MS}})^2 - 4.97 & f \leqslant 400\text{MHz} \end{cases}$$

（1）城区：指传播路由上集中分布着两层楼或以上的建筑物，或者有茂密的森林。城区路径损耗的计算公式为

$$L_{\text{城区}} = 69.55 + 26.16\lg(f) - 13.82\lg(h^{\text{MS}}) - \alpha(h^{\text{MS}})$$
$$+ [44.9 - 6.55\lg(h^{\text{BS}})] \cdot \lg(d)$$

开阔地：指传播路由上没有大的障碍物的开阔地带，以及前方数百米内没有任何阻挡的区域。开阔地路径损耗的计算公式为

$$L_{\text{开阔地}} = L_{\text{城区}} - 4.78\,(\log f)^2 + 18.33\log f - 40.94$$

（2）郊区：指传播路由上分布有少量的不太密集的障碍物及障碍物的高度比较低的区域。郊区路径损耗的计算公式为

$$L_{\text{郊区}} = L_{\text{城区}} - 2\left(\log\frac{f}{28}\right)^2 - 5.4$$

为了使 Okumura-Hata 模型能适用于一些特殊地区，如丘陵地形、斜坡地和水陆混合地区等，Okumura-Hata 模型定义了基站的有效天线高度，来应用于无线电波传播模式中。

通常在我们使用的各种规划软件中，将该模型进行了修正，使该模型更能适用于实际工程及更便于计算机进行模拟计算。因此，使用 Okumura-Hata 模型首先需要对所研究的地区进行分类，即把所研究地区按照地物的分布划分为开阔地、郊区和城区、密集市区等，然后根据不同的地形分类来进行实地连续波测试，再通过模型校正得到关于 Okumura-Hata 模型在当地的修正因子。这样就得到比较能够精确反映当地路径损耗的预测结果。

该模型的主要缺点是对城区和郊区快速变化的反应较慢，预测和实测值之间的偏差在 10dB 左右，并且在小区半径 1km 之内的偏差较大，只适用于基站半径较大的宏蜂窝的覆盖预测。

4.2.3 Cost 231-Hata 模型

Cost 231-Hata 模型也是以 Okumura 等人的测试结果为依据，通过对高频段的 Okumura 传播曲线进行分析，得到所建议的公式：

$$L_{\text{Cost 231-Hata}} = 46.3 + 33.9\lg(f) - 13.82\lg(h^{\text{BS}})$$
$$+ [44.9 - 6.55\lg(h^{\text{BS}})]\lg(d) - \alpha(h^{\text{MS}}) + C_m[\text{dB}]$$

其中 $\alpha(h^{\text{ms}})$ 是有效移动天线修正因子。C_m 取值如表 4.1 所示。

表 4.1 **C_m 取 值**

$C_m=$		
	0dB	密度适中的中等城市和郊区乡镇
	3dB	大城市中心
	$-10\text{dB} \sim -2[\log(f/28)]^2 - 5.4(\text{dB})$	城郊
	$-20\text{dB} \sim -4.78[\log(f)]^2 + 18.44\log(f) - 35.94(\text{dB})$ 农村	

Cost 231-Hata 模型是以中小城市的无线环境为基准，适用的工作频率为 1500～2000MHz，天线高度为 30～200m，手持机的天线高度为 1～10m，适合的基站半径为 1～20km，校正后可以适用于 100m 以内。

4.2.4 Cots 231 Walfish-Ikegami 模型

Cost 231 报告建议的 Cost 231 Walfish-Ikegami 模型是适用于微蜂窝环境的模型，是经验模式和确定性模式的结合。在使用时引入一些描述市区环境特征的地理化信息参数，包括建筑物高度、街道宽度、建筑物的间隔、阻挡物相对于直达无线电路径的道路方位角度，同时对当固定基站天线等于或低于屋顶高度时的情况进行了一些修正。此模型只有当传播距离大于 20m 时有效。

Cost 231 Walfish-Ikegami 模型在应用时要分成两种情况来处理：一种是低基站天线情况，适用于视距情况；另一种是高基站天线情况，适用于非视距情况，如图 4.1 所示。

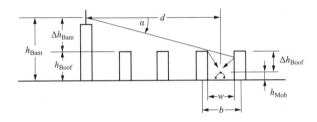

Cost 231 Walfish-Ikegami

$L=42.6+26\times\log(d)+20\times\log(f)$,LOS

$L=32.4+20\times\log(d)+20\times\log(f)+L_{\text{rts}}+L_{\text{msd}}$,NLOS

图 4.1 Cost 231 Walfish-Ikegami 模型应用

（1）低基站天线情况：基站天线低于周围建筑物的平均高度时，信号是在街道形成的峡谷中传播的，其传播特性与高基站天线的传播特性不同。经过实际测试，得到对街道峡谷内的视距通信情况使用的公式：路径损耗 $L_b = 42.6 + 26\log(d) + 20\log(f)$ $20\text{m} \leqslant d \leqslant 5\text{km}$。

（2）高基站天线情况：在这种情况下应用的公式适合于非视通情况的传播路径，可以简单表达为

$$L = L_{bf} + L_{rts} + L_{msd}$$

式中　L_{bf}——自由空间损耗；

　　　L_{rts}——最后的屋顶到街道的绕射和散射损耗，用来计算街道内的绕射和反射；

　　　L_{msd}——多重屏前向绕射损耗，计算屋顶上方的多次绕射。

4.3　数字调制与信号处理

数字调制解调技术是使传输数字信号特性与信道特性相匹配的一种数字信号处理技术。数字调制一般指调制信号是数字的，而载波是连续波的调制方式。调制的过程就是按调制信号的变化规律去改变载波某些参数的过程。若正弦振荡的载波用 $A\sin(2\pi ft + \phi)$ 来表示，使其幅度 A、频率 f 或相位 ϕ 随调制信号而变化，从而就可在载波上进行调制。

按照基带数字信号对载波的振幅、频率和相位等不同参数所进行的调制，可把数字调制方式分为 3 种基本类型：幅度调制、频率调制和相位调制。

（1）数字幅度调制又称为幅移键控（amplitude shift keying，ASK），即载波的振幅随着调制信号而变化，如数字信号"1"用有载波输出表示，数字信号"0"用无载波表示，如图 4.2 中的（a）所示。

（2）数字频率调制又称为频移键控（frequency shift keying，FSK），即载波的频率随着调制信号而变化，如数字信号"1"用频率 f_1 表示，数字信号"0"用频率 f_2 表示，如图 4.2（b）所示。FSK 是利用两个频率相差 Δf 的正弦信号，进行二进制信号传输。Δf 称为频差，与载波频率 f_c 相比，它是很小的。实际应用中，常常用频差比来说明频差的大小，一般把频差比定义为调制指数。

（3）数字相位调制又称为相移键控（phase shift keying，PSK），即载波的初始相位随着调制信号而变化，如数字信号"1"对应于相位 180°，数字信号"0"对应于相位 0°，如图 4.2 中的（c）所示。PSK 是利用载波的不同相位来传递数字信息的，而振幅和频率保持不变。

数字幅度调制、数字频率调制和数字相位调制，这 3 种数字调制方式是数字调制的基础。然而，这 3 种数字调制方式都存在某些不足，如频谱利用率低、抗

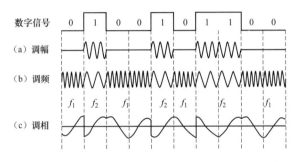

图 4.2 基带数字信号的调制方法

多径衰落能力差、功率谱衰减慢、带外辐射严重等。为了改善这些不足，近几十年来人们陆续提出一些新的数字调制技术，以适应各种新的通信系统的要求。现代数字调制技术主要有正交调幅（quadrature amplitude modulation，QAM）调制、四相移相键控（quaternary PSK，QPSK）、正交频分复用（orthogonal frequency-division multiplexing，OFDM）调制、高斯最小频移键控（Gaussian minimum frequency-shift keying，GMSK）、无载波振幅/相位（carrier amplitude phase CAP）调制、离散多载波（discrete multitone，DMT）调制等。

4.3.1 正交调幅调制

QAM 调制是数字信号的一种调制方式，在调制过程中，同时以载波信号的幅度和相位来代表不同的数字比特编码，把多进制与正交载波技术结合起来，进一步提高频带利用率。

QAM 是一种将两种调幅信号汇合到一个信道的方法，因此会双倍扩展有效带宽。QAM 被用于脉冲调幅，特别是应用在无线网络。

QAM 信号有两个相同频率的载波，但是相位相差 90°。一个信号称为 I 信号，另一个信号称为 Q 信号。从数学角度讲，一个信号可以表示成正弦，另一个信号可以表示成余弦。两种被调制的载波在发射时已被混合。到达目的地后，载波被分离，数据被分别提取然后和原始调制信息相混合。

QAM 是用两路独立的基带信号对两个相互正交的同频载波进行抑制载波双边带调幅，利用这种已调信号的频谱在同一带宽内的正交性，实现两路并行的数字信息的传输。该调制方式通常有二进制 QAM（4QAM）、四进制 QAM（16QAM）、八进制 QAM（64QAM）、⋯对应的空间信号矢量端点分布图称为星座图（图 4.3），分别有 4、16、64、⋯个矢量端点。

4.3.2 四相移相键控

QPSK 调制是利用载波的 4 种不同相位来表征输入的数字信息，由于 4 种相位可代表 4 种数字信息，为此，在四相调制输入端，通常要对输入的二进制码序列进行分组，将每 2 个信息数字（码元）编为一组，这样就可能有 00、01、10、11 4 种组合，每种组合代表一个四进制符号，然后用 4 种不同的载波相位去表征它们。也就是每一种载波相位代表 2 个比特信息，称为双比特码元。

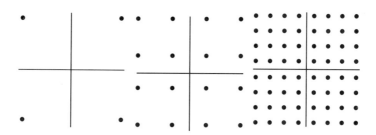

图 4.3　4QAM、16QAM、64QAM 星座图

信号的相移键控又分为绝对相移和相对相移两种。绝对相移是用未调载波的相位作为基准的调相，即是用控制载波振荡不同相位的绝对值来传递数字信息的。而对相对移相来说，每个码元的载波相位不是以固定的未调载波相位作为基准，而是以相邻的前一个码元的载波相位为基准来确定其相位的取值，即利用载波相位的相对变化来传递信息的，也称为差分相移键控（differential phase shift keying，DPSK）。考虑到接收抑制载波的双边带信号不能用包络法解调，只能用相干载波，又由于接收机中恢复的相干载波的相位存在不确定性，即相位模糊及信号传输过程中引起的相位抖动，常常使接收机无法正确判断接收码元的极性。为了解决这个问题，在实际中主要采用相对移相制。可以说，只是在实现相对移相之后才真正克服了由于相位不确定性引起的反向工作现象，从而使 PSK 在实际的通信系统中得到了广泛应用。

4.3.3　正交频分复用调制

OFDM 是由多载波调制发展而来。OFDM 技术是多载波传输方案的实现方式之一，它的调制和解调是分别基于 IFFT（Inverse fast fourier transform，逆向快速傅里叶变换）和 FFT 来实现的，是实现复杂度最低、应用最广的一种多载波传输方案。

OFDM 主要思想是，将信道分成若干正交子信道，将高速数据信号转换成并行的低速子数据流，调制到每个子信道上进行传输。正交信号可以通过在接收端采用相关技术来分开，这样可以减少子信道之间的相互干扰。每个子信道上的信号带宽小于信道的相关带宽，因此每个子信道上可以看成平坦性衰落，从而可以消除码间串扰，而且由于每个子信道的带宽仅仅是原信道带宽的一小部分，信道均衡变得相对容易。

OFDM 中的各个载波是相互正交的，每个载波在一个符号时间内有整数个载波周期，每个载波的频谱零点和相邻载波的零点重叠，这样便减小了载波间的干扰。由于载波间有部分重叠，所以它比传统的 FDMA 提高了频带利用率。OFDM 系统频谱如图 4.4 所示。

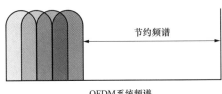

OFDM系统频谱

图 4.4　OFDM 系统频谱

OFDM 传输的通信模型如图 4.5 所示。

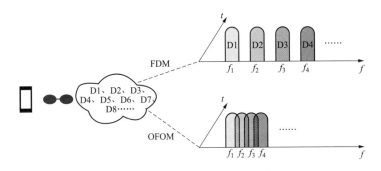

图 4.5　OFDM 传输的通信模型

OFDM 先把需要传输的数字信号序列划分为 D0、D4、D8……D1、D5、D9……D2、D6、D10……D3、D7、D11……这样 4 个子序列（此处子序列个数仅为举例，不代表实际个数），然后将第一个子序列的元素依次调制到频率 F_1 上并发送出去，第二个子序列的元素依次调制到频率 F_2 上并发送出去，第三个子序列的元素依次调制到频率 F_3 上并发送出去，第四个子序列的元素依次调制到频率 F_4 上并发送出去。F_1、F_2、F_3、F_4 这 4 个频率满足两两正交的关系。

4.3.4　高斯最小频移键控

GMSK 调制技术是从 MSK（minimum shift keying，最小偏移键控）调制的基础上发展起来的一种数字调制方式，其特点是在数据流送交频率调制器前先通过一个 Gauss 滤波器（预调制滤波器）进行预调制滤波，以减小两个不同频率的载波切换时的跳变能量，使相同的数据传输速率时频道间距可以变得更紧密。由于数字信号在调制前进行了 Gauss 预调制滤波，调制信号在交越零点不但相位连续，而且平滑过滤，因此 GSMK 调制的信号包络稳定、频谱紧凑、误码特性好、可有效降低邻道干扰，提高非线性功率放大器的效率，在数字移动通信中得到了广泛的应用。

MSK 调制是恒包络调制方式的一种，能够产生包络恒定、相位连续的调制信号。其带宽窄，频谱主瓣能量集中，旁瓣滚降衰减快，频带利用率高，在现代通信中得到了广泛的应用。

MSK 又称快速频移键控，是一种特殊的二元频移键控。用不同频率的载波来表示 1 和 0 就是 FSK。在频率（或数据）变化时，一般的 FSK 信号的相位是不连续的，所以高频分量比较多。如果在码元转换时刻 FSK 信号的相位是连续的，称为连续相位的 FSK 信号（CPFSK）。CPFSK 信号的有效带宽比一般的 FSK 信号小，MSK 就是一种特殊的 CPFSK。除了相位连续以外，MSK 信号还要求满足：1 码和 0 码的波形正交（有利于降低误码率）、频移最小（有利于减小信号带宽，提高对信道的频带利用率）。

MSK 信号解调方法有两类：相干解调和非相干解调。

相干解调需要进行载波同步（即提取载波），如果频率为 f_1 和 f_2 的载波是用两个振荡电路分别产生的，则该 FSK 信号就包含有 f_1 和 f_2 的独立频率成分，若 f_1 和 f_2 距离比较大，载波同步容易实现。而对于 CPFSK 信号，它是用一个 VCO（voltage controlled oscillator，压控振荡器）电路产生的，一般不能进行载波同步。而 MSK 信号是一种比较特殊的 CPFSK 信号，其 1 码和 0 码相差半个周波，可以设法提取载波信号，因此可采用相干解调方法进行解调。

非相干解调方法不需要产生本地载波，电路比较简单，容易实现，但抗噪性能相对较差。常用的非相干解调方法有包络检波法和过零点检测法。过零点检测法的基本原理是根据 FSK 信号过零率的大小来检测已调信号中的频率变化。而包络检测法需要滤去 FSK 信号中的一个频率，使之变为两路 ASK 信号。由于 MSK 信号 1 码和 0 码的载波频率间距很小，采用包络检测法或过零点检测法会对误码性能产生不利影响，对于 MSK 信号的非相干解调一般采用差分检测法。

4.3.5　无载波振幅/相位调制

CAP 调制技术是以 QAM 调制技术为基础发展而来的，可以说它是 QAM 技术的一个变种。输入数据被送入编码器，在编码器内，m 位输入比特被映射为 $k=2m$ 个不同的复数符号 $An=an+jbn$，由 K 个不同的复数符号构成 k-CAP 线路编码。编码后 an 和 bn 被分别送入同相和正交数字整形滤波器，求和后送入 D/A 转换器（digital to analog converter，数模转换器），最后经低通滤波器信号发送出去。

4.3.6　离散多载波调制

DMT 调制技术的主要原理是将频带（0～1.104MHz）分割为 256 个由频率指示的正交子信道（每个子信道占用 4kHz 带宽），输入信号经过比特分配和缓存，将输入数据划分为比特块，经 TCM（trellis-coded modulation，网格编码调制）编码后再进行 512 点离散傅里叶逆变换（inverse DFT，IDFT）将信号变换到时域。这时比特块将转换成 256 个 QAM 子字符，随后对每个比特块加上循环前缀（用于消除码间干扰），经 D/A 变换器和发送滤波器将信号送上信道，在接收端则按相反的次序进行接收解码。

4.4　常用多址方式

复用是指将若干个彼此独立的信号合并成可在同一信道上传输的复合信号的方法，常见的信号复用采用按频率区分与按时间区分的方式，前者称为频分复用（frequency division multiple xing，FDMA），后者称为时分复用。

4.4.1　频分多址

频分多址（frequency division multipe access，FDMA）是使用最早、目前使用较多的一种多址接入方式，广泛应用于卫星通信、移动通信、一点多址微波通信系统中。

通常在通信系统中，信道所提供的带宽往往比传输一路信号所需要的带宽要宽得多，这样就可以将信道的带宽分割成不同的频段，每频段传输一路信号，这就是频分复用。频分复用是指信道复用按频率区分信号，即将信号资源划分为多个子频带，每个子频带占用不同的频率。然后把需要在同一信道上同时传输的多个信号的频谱调制到不同的频带上，合并在一起不会相互影响，并且能在接收端彼此分离开。为此，在发送端首先要对各路信号进行调制将其频谱函数搬移到相应的频段内，使之互不重叠，再送入信道一并传输。在接收端则采用不同通带的带通滤波器将各路信号分隔，然后分别解调，恢复各路信号。调制的方式可以任意选择，但常用的是单边带调制。因为每一路信号占据的频段小，最节省频带，在同一信道中传送的路数可以增加。

频分复用系统的示意图如图 4.6 所示，其中 $f_1(t)$、$f_2(t)$、$\cdots$、$f_n(t)$ 为 n 路低频信号，通过调制器形成各路处于不同频段上的边带信号。频分复用的理论基础仍然是调制和解调。通常为防止邻路信号的相互干扰，相邻两路间还要留有防护频带，因此各路载频之间的间隔应为每路信号的频带与保护频带之和。以语音信号为例，其频谱一般在 0.3～3.4kHz 范围内，防护频带标准为 900Hz，则每路信号占据频带为 4.3kHz，以此来选择相应的各路载频频率，在接收端则用带通滤波器将各路信号分离，再经同步检波即可恢复各路信号，为减少载波频率的类型，有时也用二次调制。

频分复用系统最大的优点是信道复用率高，允许的复用路数较多，同时分路也很方便，是模拟通信中主要的一种复用方式，在有线和微波通信中的应用十分广泛。频分复用的缺点是设备生产较为复杂，同时因滤波性能不够理想，以及信道内存在的非线性，所以容易产生路间干扰。

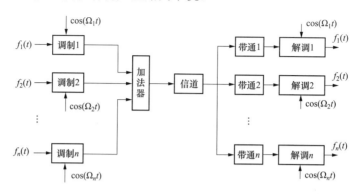

图 4.6　频分复用系统的示意图

FDMA 通信系统模型如图 4.7 所示。FDMA 通信系统核心的思想是频分复用，发送端的基带信号通过不同的载波调制之后，通过合路器进行二次调制之后在信道中进行传输；接收端通过带通滤波器对接收到的信号进行滤波，然后进行解调，从而恢复发送端的基带信号。

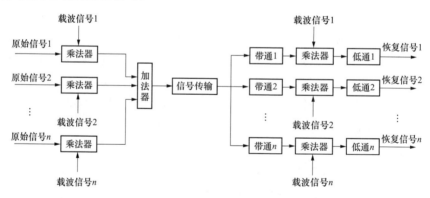

图 4.7　FDMA 通信系统模型

频分复用技术除传统意义上的频分复用外，还有一种是 OFDM。

1．传统的频分复用

传统的频分复用典型的应用莫过于广电 HFC（hybrid fiber cable，混合光纤同轴电缆）网络电视信号的传输了，不管是模拟电视信号还是数字电视信号都是如此，因为对于数字电视信号而言，尽管在每一个频道（8MHz）以内是时分复用传输的，但各个频道之间仍然是以频分复用的方式传输的。

2．OFDM

OFDM 技术是在 1971 年被相关标准化组织提出的。由于数字信号处理技术的快速发展，OFDM 系统可以采用 FFT 和 IFFT 来对数据进行调制和解调。1980 年，Ruiz 提出了循环前缀的概念来消除相互干扰。当信道的最大时延小于采用的循环前缀长度时，经过多径衰落信道后的 OFDM 系统的性能会比较好。目前 OFDM 已经应用于多通信技术，如采用 IEEE 802.11 标准的无线局域网、欧洲数字化音频广播、数字化视频广播、高清晰度数字电视，采用 IEEE 802.16 标准的中国移动多媒体广播等。这些应用都得益于低复杂度的 OFDM 接收机，并且用户终端不需要具有高功率发射机。从而避免了 OFDM 系统中的一个主要缺点，即高峰均比而导致昂贵的高功率发射机。因为 OFDM 技术可以对抗多径衰落信号，以及可以和其他技术组成新的通信系统，因此在 3G/4G 通信技术标准中，OFDM 被 LTE（long term evolution，长期演进）下行链路标准采纳，被 3GPP LTE-Advanced 和 IMT-Advanced 列为首选技术。

OFDM 实际是一种多载波数字调制技术。通常，多载波方案是把使用的信道带宽划分为若干个并行子信道，在理想情况下，各自每个子信道的带宽是非频率性选择性的（即具有频谱平坦增益），它的好处是接收机在领域上能够容易地补偿各个子信道的增益。OFDM 是一种在实现中极具吸引力的多载波传输的特例。这样避免了需要利用保护带宽来分隔载波，因此使 OFDM 系统具有较高的频谱利用率，正是因为 OFDM 系统中子信道的接收机中能完全分离，降低了接收机的实现复杂度，从而使 OFDM 系统对高速率的移动数据传输如 LTE 下行链路一样具有吸引力。

OFDM 全部载波频率有相等的频率间隔，它们是一个基本振荡频率的整数倍，正交指各个载波的信号频谱是正交的。OFDM 系统比 FDMA 系统要求的带宽要小得多。由于 OFDM 使用无干扰正交载波技术，单个载波间无须保护频带，这样使可用频谱的使用效率更高。另外，OFDM 技术可动态分配在子信道中的数据，为获得最大的数据吞吐量，多载波调制器可以智能地分配更多的数据到噪声小的子信道上。目前 OFDM 技术已被广泛应用于广播式的音频和视频领域及民用通信系统中，主要的应用包括非对称的数字用户环线、数字视频广播、高清晰度电视、无线局域网（wireless LAN，WLAN）和第 4 代移动通信系统等。

3．单载波频分多址接入

SC-FDMA（Single-carrier FDMA，单载波分频多址）是 LTE 的上行链路的主流多址。SC-FDMA 是相对于正交频分多址提出的一种多址方案，其特点是可以降低上行链路方向发射信号的 PAPR（peak to average power ratio，峰值平均功率比）。SC-FDMA 是基于单载波的频域均衡技术和基于离散傅里叶变换（discrete fourier transform，DFT）的预编码技术的结合，它不仅可以有效地对抗信道的频率选择性衰落，而且能取得较低的 PAPR。

SC-FDMA 是一种单载波调制方式，分为时域和频域产生方法。频域的生成方法又称为 DFT 扩展 OFDM（DFT-S-OFDM），DFT-S-OFDM 是在 OFDM 的 IFFT 调制之前对信号进行 DFT 扩展（DFT 处理），然后进行 IDFT，这样系统发射的是时域信号，从而可以避免发射频域的 OFDM 信号所带来的 PAPR 的问题。3GPP 标准中规定采用 DFT-S-OFDM 方式，即 DFT 扩展的 OFDM 方式，这种方式将每个载波能量分配到每个时隙中，可有效地降低 PAPR。SC-FDMA 的基本形式可以看作与 QAM 调制等价，它每次发送一个符号的工作方式与时分多址（time division multiple access，TDMA）系统（如 GSM）类似。时域的生成方法又称为交织 OFDM。

SC-FDMA 是单波载，与正交频分多址相比具有的较低的 PAPR，比多载波的 PAPR 低 1~3dB（PAPR 是由于多载波在频域叠加而引起的）。更低的 PAPR 可以使行动终端在发送功效方面得到更大的好处，进而延长电池使用时间。SC-FDMA 具有单载波的低 PAPR 和多载波的强韧性两大优势。

4.4.2　时分多址

TDMA 协议将时间轴划分为一定的时元，每个时元划分为时隙，在每个时元内给每个网络站点分配一定数量的时隙以发射信号，而不在发射信号的时隙中则接收其他站点所发射的信号。每个网络站点均备有准确的时钟，为了实现时分多址工作，要以一指定站的时钟为基准，其他站点的时钟则预知同步，形成统一的系统时钟。

TDMA 网络时隙的划分方法应根据实际的通信需求来决定。网络的时隙划分必须满足通信的实时性需求，同时也应考虑网络的效率，时隙太小网络的实时性好但是效率太低，时隙太长又不能保证通信的实时性。TDMA 协议应用在对实时性要求比较高的数据通信中。性能比较稳定，不存在 CDMA（cvde division multiple access，码分多址）协议的多址效应和远近效应。

由于 TDMA 系统是以时间来分割来区分不同信道的，通信双方只允许在规定的时隙发送和接收信号，因此在时间上同步是 TDMA 通信系统正常工作的前提条件。

1. 位同步

在数字通信系统中，发端按照确定的时间顺序，逐个传输数据脉冲序列中的每个码元。而在接收端必须有准确的抽样判决时刻才能正确地判决所发送的码元，因此，接收端必须提供一个确定抽样判决时刻的定时脉冲序列，这个定时脉冲序列的重复频率必须与发送的数码脉冲一致。同时在最佳判决时刻（称为最佳相位时刻）对接收码元进行抽样判决。

为了得到码元的定时信号，首先要确定接收到的信息数据流中是否包含位定时的频率分量，如果存在此分量，就可以利用滤波器从信息数据流中把位定时信息提取出来。

如果基带信号为随机的二进制不归零码序列，则这种信号本身不包含位同步信号，为了获得位同步信号，需要在基带信号中插入位同步的导频信号，或者对该基带信号进行某种码型变换以得到同步信息。

实现位同步的方法和载波同步类似，也有插入导频法和直接法两种，而在直接法中又分为滤波法和锁相法。考虑到 TDMA 通信系统是按时隙以突发方式传输信号的，为了迅速、准确、可靠地获得位同步信息，宜采用插入导频法而不宜采用自同步法。

位同步系统的性能指标主要有效率、相位误差、同步建立时间、同步保持时间和同步带宽。

2．帧同步

帧有两方面的含义，在数据量层，它是一个基本的数据处理单位；在物理层它是传输的一个基本单位，可以将前者称为数据帧，后者称为传输帧。二者可以是一致的，也可以是不一致的，但大多数情况下是一致的。如何从连续的数据流中提取每一个数据帧，怎样确定传输的开始和结束，这就需要一种能力使链路双向实现对帧统一认识的同步技术。

帧同步是为了保证收、发双方对应的话路在时间上保持一致，这样接收端就能正常地接收发送端送来的每一个话路信号，当然这必须是在位同步的前提条件下实现。

为了建立收、发系统的帧同步，需要在每一帧（或几帧）中的固定位置插入具有特定码型的帧同步码。这样，只要接收端能正确识别出来这些帧同步码，就能正确地辨别出每一帧的首尾。从而能正确地区别出发送端送来的各路信号。

实现帧同步的方法一般有两种：一种是外同步法，即在发送的数字信号序列中插入帧同步脉冲或帧同步码作为帧的标志；另一种是自同步法，即利用数字信号序列本身来恢复帧同步信号。

同步的建立是一个捕捉的过程，即从接收的数字序列中尽快检测出帧同步码的过程。一般系统通过正确的检测确定独特字的位置，就可以达到时隙同步，进而达到帧同步。为了降低漏检概率，在系统检测到独特字后，还要启动软件对标志字的检测功能，当正确检测到标志字后才能确定系统进入同步状态，开始接收数据。

3．网同步

网同步也就是系统同步，为了使 TDMA 网络按时分多址方式正确地工作，网内所有站点对码元和时隙的划分必须有统一的标准，使每一次发射都有统一的时隙起点作为定时基础。实现网同步可以采用不同的方法。在系统中长用的有主从同步法和独立时钟同步法。主从同步法属于全网同步方式，它采用频率控制系统去控制系统中所有设备的时钟，使它们的频率和相位直接或间接地与某一个主时钟的频率保持一致。独立时钟同步法属于准同步方式，用以实现系统同步。这种方法要求系统中的各设备均要采用稳定度很高的石英振荡器来产生定时信号。

在主从同步法中，被指定作为事件基准的网络站点（主站）要定期（如每码元一次）发送事件、基准和入网信息，即每隔一个时元周期网络重新同步一次。

网络同步的过程，就是各从站将自己的时隙起始时刻与主站的时隙起始时刻对准的过程，这就需要主站周期性地在自己时隙起始时刻发送一个同步信号。各从站利用这个同步信号校准自己的时隙起始时刻。这种同步信号应该具有良好的自相关特性，如巴克码。这种码自相关性很强，主峰值与副峰值相差很大，当从站接收同步信号时，每收到一位信号，即与已知码做相关运算。当收到完整的同步信号后，其相关运算的值将会很大，因此从站可以根据相关运算的值判断是否收到同步信号。

4.4.3 码分多址

码分多路复用又称码分多址，它既共享信道的频率，又共享时间，是一种真正的动态复用技术。其原理是每比特时间被分成 m 个更短的时间槽，称为芯片，通常情况下每比特有 64 或 128 个芯片。每个站点（通道）被指定一个唯一的 m 位的代码或芯片序列。当发送 1 时，站点就发送芯片序列；发送 0 时站点就发送芯片序列的反码。当两个或多个站点同时发送时，各路数据在信道中被线性相加。为了从信道中分离出各路信号，要求各个站点的芯片序列是相互正交的。

假如用 S 和 T 分别表示两个不同的芯片序列，用 $!S$ 和 $!T$ 表示各自芯片序列的反码，那么应该有 $S \times T = 0$、$S \times !T = 0$、$S \times S = 1$、$S \times !S = -1$。当某个站点想要接收站点 X 发送的数据时，首先必须知道 X 的芯片序列（设为 S）；假如从信道中收到的和矢量为 P，那么通过计算 $S \times P$ 的值就可以提取出 X 发送的数据。$S \times P = 0$，说明 X 没有发送数据；$S \times P = 1$，说明 X 发送了 1；$S \times P = -1$，说明 X 发送了 0。

码多分址是一种信道复用技术，它允许每个用户在同一时刻同一信道上使用同一频带进行通信。同时它也是一种以码分多址接入技术为基础的数字蜂窝移动通信系统。码分多址系统是以扩频技术为基础的，扩频是以把信息的频谱展开到宽带的传输技术，将扩频技术应用于通信系统中，可以加强系统的抗干扰、抗多径、隐藏、保密和多址能力。

适用于码多分址蜂窝通信系统的扩频技术是直接序列扩频，简称直扩。扩频技术将需传送的具有一定信号带宽信息数据，用一个带宽远大于信号带宽的高速伪随机码进行调制，使原数据信号的带宽被扩展，再经载波调制并发送出去。接收端使用完全相同的伪随机码，与接收的带宽信号做相关处理，把宽带信号换成原信息数据的窄带信号，即解扩，以实现信息通信。它的产生包括调制和扩频两个步骤。例如，先用要传送的对载波进行调制，再用伪随机序列（PN 序列）扩展信号频谱；也可以先用伪随机序列与信息相乘（把信息的频谱扩展），再对载波进行调制，二者是等效的。在 CDMA 系统中，不同用户传送的信息是靠各自不同的编码序列来区分的。虽然信号在时间域和频率域是重叠的，但用户信号可以依靠各自不同的编码来区分。

码分多址通信系统中，不同用户传输信息所用的信号不是靠频率不同或时隙不同来区分，而是用各自不同的编码序列来区分，或者说，靠信号的不同波形来区分。如果从频域或时域来观察，多个码分多址信号是互相重叠的。接收机用相关器可以在多个码分多址信号中选出其中使用预定码型的信号，其他使用不同码型的信号因为和接收机本地产生的码型不同而不能被解调。它们的存在类似于在信道中引入了噪声和干扰，通常称为多址干扰。

5

区域应急通信系统

　　区域应急通信系统是在应急区域现场建立的通信系统，是应急通信的"急先锋"和"最前沿"。区域应急通信系统必须能够快速赶赴现场、能够在现场复杂的环境下构建起稳定的通信网络、能将现场信息通过接口送至远程传输系统，进而传送至后方指挥中心。为此，区域应急通信系统必须具备部署快捷、使用方便、可扩展性强、适应复杂地形环境等基本特点。

　　本章主要针对覆盖范围为几千米至几十千米的区域应急通信，分别介绍几种典型的通信系统及组织应用方式，包括无线传感器网络和自组织网络、浮空平台、集群移动通信及微波通信等。

5.1 区域应急通信系统概述

　　区域应急通信系统中的"区域"的含义是指自然灾害或突发事件发生的地点或地区，最典型的覆盖范围一般为几千米到几十千米。本章所指的区域应急通信系统，主要是满足局部区域覆盖的通信系统。

　　在实际应用中，区域通信系统通常是和远程通信系统紧密结合的。这是因为在大多数情况下都需要将区域现场信息远程传送到后方的指挥中心，如一台应急通信车，可能带有多个单兵背负式移动终端，同时还有卫星通信系统。前者的任务是将现场信息（如视频）传至车上的接收系统，后者的任务是把车上接收到的现场信息通过卫星信道传至后方指挥中心。这里，区域通信系统的概念，实际上也可看成是从完成不同任务的角度定义的。因此，从这个角度讲，上述的应急通信车就同时具有区域应急通信系统和远程通信系统的功能。

　　最简单的区域应急通信系统可能就是如同上述的一台应急通信车。它的区域通信功能是构成点对多点的通信系统。如果要求覆盖大的区域，就需要部署多个这样的小区域系统，并把它们连接起来，构成一个类似多基站的网络，从而实现大区域的覆盖。

5.2 应急无线自组网链路

5.2.1 同播无线链路

1．设备描述

本设备提供覆盖延伸和链路接力功能，利用窄带无线链路连接其他背负式应急一体机和无人值守室外基站，也可以通过 IP 网络直接与近端或远端应急中心互联。同播无线链路拓扑图如图 5.1 所示。

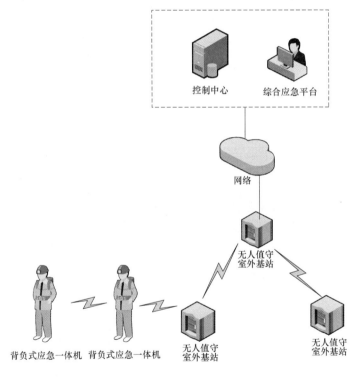

图 5.1　同播无线链路拓扑图

2．设备功能

窄带无线链路系统作为背负式一体机的重要链路单元，支持 PDT/DMR 数字常规组呼语音覆盖、组呼短信、报警和遥晕等功能；通过增加附件可实现模拟常规语音覆盖功能。也可通过 IP 网络连入远端中心，接入应急调度平台，支持应急调度业务。

3．功能描述

功能描述见表5.1。

表 **5.1**　　　　　　　　　　　功 能 描 述

序号	功能	简 述
1	自组网	支持最多32个链路设备的链状、网状或混合的组网类型。采用静态跟随策略，依据两个频点错时时隙转发规则扩散到整个链路系统。语音业务链路延迟不超过30ms，其他业务延迟不超过90ms
2	数字语音业务	支持一路半双工语音业务
3	数字数据业务	支持一路半双工数据业务
4	邻点查询	链路系统中每个设备节点支持邻点信息的随机广播和响应远端调度中心邻点查询。链路设备返回自己链路机周围设备ID信息，应急平台获取网内所有节点的链接拓扑结构，结果用连接图显示在综合应急平台的地图上
5	远程升级	通过窄带链路传输实现设备软件升级：连接远端控制中心的链路设备负责下载升级软件，并对软件拆包发送到整个链路系统，对链路设备软件整体升级
6	远程信道切换	操作员发起远程链路信道切换业务，窄带无线自组网链路系统可以切换为指定信道
7	语音组呼	语音组呼业务支持链路转发、本地控制中心上报、本地播放；调度呼叫、手咪呼叫
8	短信组呼	短信组呼业务支持链路之间转发、本地控制中心上报、本地显示、调度下发短信、手咪下发短信，短信长度限制在60个字符内
9	设备GPS上报	链路机内置GPS模块，周期更新位置信息并寻找时机上传到应急调度平台。20min内链路设备没有更新自己的定位数据，则无业务时应急调度平台主动上拉
10	人员GPS上拉	操作员发起对讲机定位信息上拉，窄带无线自组网链路系统回传指定终端定位数据
11	设备摇晕/复活	远端控制中心下发某个链路设备的摇晕/复活指令，在链路系统中扩散，对应链路设备响应摇晕/复活命令，保存摇晕/复活信息到非易失空间 （1）摇晕期间，设备针对语音数据业务失效；配置监控查询正常。 （2）复活后一切业务恢复正常
12	设备摇毙	远端控制中心下发某个链路设备的摇毙指令，在链路系统中扩散，对应链路设备校验指令的正确性后，响应摇毙命令，保存摇毙信息到非易失空间。 设备接收摇毙命令10min内仅响应再次下发的摇毙指令，其他业务失效，10min后整机失能，需要返厂恢复
13	终端摇晕/复活	远端控制中心下发指定终端的摇晕/复活指令，在链路系统中扩散，链路传输支持终端摇晕命令操作流程，返回指定终端的反馈信息
14	设备告警	链路设备异常时提供告警功能，为避免空口碰撞，周期随机上告
15	终端告警	链路机对手咪或终端手台人员按键告警，进行收集处理，上报远端应急控制中心。其优先级最高，可打断中心下发业务优先发送到空口
16	链路断链指示	支持链路设备的断链检测和指示功能。无业务情况下的3个周期检测链路系统中没有邻点信息，产生断链告警并将断链信息指示给本地中心，本地中心根据策略启动备份链路并在手咪显示出异常。检测周期可支持配置

序号	功能	简 述
17	热保护功能	发射时间过长,射频模块温度过高需要热保护,关闭发射并上报告警
18	手咪监控配置	链路机支持手咪对设备的链路配置、查询、状态查询及接收信号质量等消息响应处理
19	应急中心配置监控响应	链路机支持应急调度中心对链路设备配置监控等消息响应处理,包括: (1)配置链路频点、功率; (2)邻点信息上报开启使能及其检测周期; (3)配置 IP 网络参数; (4)升级重启等
20	调测	单机网管支持调测功能,链路设备需根据下发指令完成射频指标调测
21	本地单机配置监控	(1)配置链路设备 ID(小于 32); (2)配置链路信道; (3)配置工作模式(PDT/DMR); (4)配置终端色码、链路机色码; (5)配置网络参数; (6)配置模拟业务机参数; (7)配置链路策略; (8)配置监控信息参数; (9)软件升级; (10)版本号查询等消息; (11)链路设备支持单机网管消息的处理和反馈

5.2.2 自组网

为强化应急通信保障能力,满足应急情况下现场复杂地形的通信全覆盖,有效应对在山区、高层建筑、隧道等复杂环境下的语音通信和视频传输,满足现场100%覆盖的要求。本设备结合 OFDM 调制解调技术、网络传输技术、动态宽带自组网技术及融合通信技术,推出全新的现场应急通信解决方案。

自组网功能的特点如下。

1．快速自组网

开机即用,无须配置。快速完成现场各节点之间通信链路的建立。最多可支持 16 个节点之间的语音、图像和数据的通信,各节点随时加入或退出网络,不影响网络通信。

2．网络健壮、快速自愈

不依赖于某一个单一节点的性能。如果节点出现故障、受到干扰或退出,数据包将自动路由到备用路径继续进行传输,整个网络的运行不会受到影响。

3．非视距传输

采用编码正交频分复用调制,其中囊括了正交多载波等先进技术,具备抗多径干扰能力强、非视距传输距离远及衍射和穿透性能优等优点,尤其适用于密度较高的城市、森林和山区等视线极易受阻的环境。

4. 链路冗余和通信负载均衡

网络可以根据每个节点的通信负载情况动态地分配通信路由，从而有效地避免了节点的通信拥塞。

5. 融合一体化通信传输

支持最高 12Mb/s 的点对点传输速率。可以与无线图传、集群语音、常规语音设备及卫星、GSM、LTE、野战光缆等链路设备进行无缝连接，从而进行设备之间视频、语音和数据的一体化高速传输。

该解决方案设备主要由前端融合通信节点、同频自组网节点和现场指挥平台、现场指挥调度的 PAD/笔记本式计算机等设备组成。自组网连接图如图 5.2 所示。

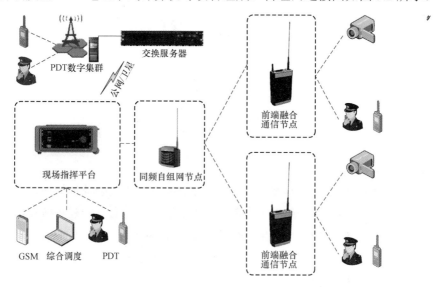

图 5.2　自组网连接图

1）前端融合通信节点。

按照 PDT 数字标准推出的数/模便携式通信节点，采用内嵌式紧凑设计，不仅具备同频自组网节点功能，并能在现场最前端实现语音覆盖和视频接入，同时配备多个 100Mb/s 高速网口，提供有线/无线混合组网和丰富、便捷的扩展应用。

主要应用：该设备支持单兵背负、壁挂、支架支撑等各种携带或固定方式，在前线采集数据，并负责前端作战小组之间的专网语音覆盖。同时，可以将前线的语音、视频回传到移动指挥部（现场指挥平台）；可以通过现场指挥平台对前端作战小组进行语音调度，可以对前端各节点图像进行调度。

2）同频自组网节点。

3）现场指挥平台。

现场指挥平台为一体化指挥平台，便携移动性强，可在较为复杂的环境下快速抵达事发现场，建立现场应急指挥部，从而实现视频、音频的综合语音调度。

指挥平台可提供网络内所有节点的配置、监控和管理功能；可以同时实现视频监控调度、语音呼叫、地图定位等功能；自动侦测网络拓扑，可以动态更新当前网络设备个数，实时监控网络质量和设备电池电量等；提供环境监测功能，可根据具体环节进行组网通信节点的部署，保证通信链路健壮可靠。

该平台可以支持现场 PDT/Tetra/MPT 集群、数字常规、卫星电话、GSM、PSTN等各种终端的接入，并实现对上述终端的综合指挥调度，可用于组建上述各种通信网络融合的指挥调度会议，指挥平台配备的 PAD 可通过 WiFi 接入平台实现多制式语音调度，可以通过自组网通信系统与前端融合通信节点互通，从而实现 PDT 集群或数字常规转信台等语音调度系统的 IP 互联指挥调度。典型应用场景如图 5.3 所示。

调度员可以在现场指挥平台监控现场所有通信节点的链路状态、组网形态，可以对前端综合通信节点的语音通信、Mesh 通信设备进行配置和控制，能够支持通过 GSM/LTE 等连接与后方的调度指挥系统进行语音和视频的互联互通。设备采用一体化便携设计，可以支持笔记本式计算机或 PAD 操作。

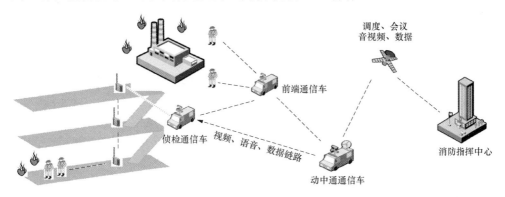

图 5.3　典型应用场景

5.2.3　宽带 Mesh

1．设备概述

宽带 Mesh 设备基于 4G 和 5G 蜂窝无线通信系统的先进技术，面向承载专网集群综合业务而设计，具有部署便捷、组网灵活、吞吐率高、可靠性强等特点，具备端到端的业务质量和安全保障，支持室内外放装部署，车载、机载移动部署，单兵便携部署等多种应用场景，能够单独组网或和蜂窝基站、有线网络混合组网，是公共安全、政务专网、应急通信、企业专网及军事战术网等应用的利器。

2．设备特色

（1）链路特性。

1）多天线：支持 1T2R/2T2R，频谱效率高，接收能力强。

2）信道编码：采用 Turbo 码，相比卷积码具有更高的编码增益。

3）AMC：自适应调整调制和编码方式，提升无线链路的稳健性。

4）HARQ：重传分集增益，增加链路稳健性，减少时延抖动。

5）功率控制：提升功率效率，减小干扰，降低设备功耗。

（2）业务特性。

1）QoS：根据业务类型（语音、数据、视频等）、用户优先级定义业务服务质量等级。

2）专用承载：为不同的业务数据流建立相应的专用承载，赋以对应的 QoS 等级。

3）QoS 调度：根据 QoS 等级对不同专用承载进行差异化调度。

4）传输模式：单播、组播、广播等多种传输模式，同步系统支持同播。

（3）安全特性。

1）加密：支持 Snow3G、AES（advanced encryption standard，高级加密标准）空口加密；支持 IPSec（IP 安全协议）；支持信令完整性保护；支持第三方加密算法。

2）鉴权：支持 USIM、AKA 认证。

3）WiFi：支持 WPA/WPA2 加密；支持 EAP-SIM EAP-Radius 认证。

（4）平台特性。

1）处理能力：吞吐量高达 100Mb/s 以上。

2）工作模式：LTE 小基站和 Mesh 双模。

3）工作波形：OFDM、UFMC（unirersal filtered multi-carrier，通用滤波多载波）、单载波等多种波形。

4）工作带宽：支持连续或非连续频谱，频谱利用灵活。

5）射频指标：3GPP 标准，灵敏度小于－103dBM。

（5）易用特性。

1）支持车载和室外安装场景使用。

2）智能自组网，部署安装简便。

3）支持 Mesh 节点多跳级联。

4）组网结构灵活、稳健，根据网络拓扑智能选择路由。

5）业务承载和管理承载分开，支持端到端的 QoS 保障。

6）全 IP 网络，易于管理和兼容绝大多数终端设备。

7）管理维护自带 Web、cli，同时支持 Hytera 统一网管系统管理。

8）支持 WiFi 覆盖或 4G 公网数据回传。

3．外部接口

（1）WiFi 模块接口（可选支持）：支持 Build-in PCIE WiFi 模块，覆盖范围为 50m，支持多终端接入。

（2）UE 模块接口（可选支持）：支持 Build-in PCIe 3G/4G UE 模块。

（3）以太网接口：1x 光口，1x 电口。

（4）电源接口：（9～36）V、DC 通用便携电池，车载逆变。

（5）AISG 接口：支持电调天线，先进算法调整天线方位和俯仰角度，增强无线链路质量，减少干扰。

（6）GNSS 接口：内置 GNSS 接收模块，N 型接口。

（7）Mesh 天线接口：2T2R 支持 MIMO，2T4R（TBD）。

4．Mesh 场景介绍

LTE 应急网络回传

（1）方案介绍：LTE 网络回传主要应用在 LTE 基站离核心网比较远且不易布光纤的情况，这时 Mesh 节点可以做 S1 链路回传，保证 LTE 基站能顺利接入核心网。应急网络回传方案如图 5.4 所示。

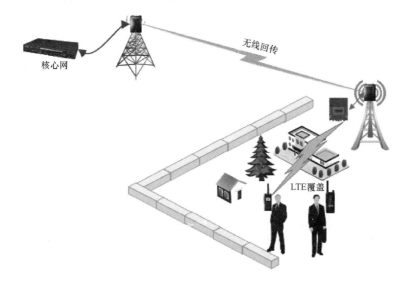

图 5.4　应急网络回传方案

（2）解决难题：解决设置站点布线难的问题。LTE 在布置站点时，受施工限制，如可能在山顶，或是有湖泊阻隔，或是只是临时应急建站，如果拉光纤布网线，费时费力、成本高昂且有安全风险，这时用 Mesh 做无线回传，桥接基站与核心网，能够有效地解决实施问题。

（3）方案优势：成本低，快速易部署，不受地理条件限制，不需要光纤拉远。

5．LTE 应急通信拓展

（1）方案介绍：如图 5.5 所示，LTE 基站只能覆盖 2km，如果此时在 6km 或 10km 外有应急通信需求，Mesh 设备可以做 LTE 的覆盖延伸。可在离 LTE 基站覆盖区域内架设一个 LTE CPE＋Mesh 设备 Mesh C，在 LTE 基站 4km 和 8km 处各架一个 Mesh A 和 Mesh B 两个节点，则在这两处的终端设备用户 A 和用户 B 可以通过 WiFi 接入 LTE 网络。

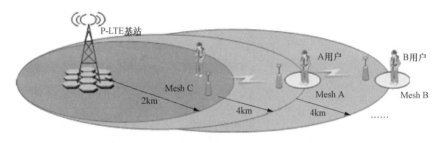

图 5.5　应急自组网回传方案

图 5.6　便携式数字中继台

（2）解决难题：有效地实现了覆盖延伸，传统基站覆盖距离有限，如果在远点需要做局部覆盖，采用传统的增加基站的方法，会增加很多成本，采用 Mesh 做覆盖延伸，有效地解决了覆盖盲区问题。

（3）方案优势：节约成本，快速部署，无须光纤或网线，通过无线将覆盖距离有效延伸。

5.2.4　便携式数字中继台

便携式数字中继台如图 5.6 所示。

1．便携式数字中继台设备的特色

（1）小巧便携：采用内嵌式紧凑设计，主机厚度仅为 41mm，质量小于 3kg；内置双工器，可选内置 mini 双工器，内部空间更紧凑，体积更小巧。

（2）外挂电测安装设计：可选外挂式大容量电池，方便快捷安装与更换，满足超长待机、无间断通信的使用需求。

（3）应用灵活多变：提供便携的携带及安装选配件，方便移动背负式携带，可结合数字设备及数字调度系统组建灵活的现场移动指挥网。

（4）应急接线口：满足在应急情况下的电源接入。

（5）IP67 防护等级：支持 IP67 防护等级，可在 1m 水深浸泡 30min 而不影响设备的正常使用。

（6）质量可靠，紧固耐用：品质严格符合中华人民共和国国家军用标准 GJB 150A—2009 标准，并通过了超加速老化测试，在恶劣工作环境中都可以发挥优异性能。

（7）直观的操作面板：主机操作面板纸袋信道显示各种状态指示灯、信道调节按键、音频接口，可外接手持传声器。

2．便携式数字中继台的主要功能

（1）可选智能电池。可选 10AH 智能锂电，50%工作循环、高功率发射情况下，可获得至少 8h 以上的工作时间。符合标准 SMB us1.1 通信规则，可实现对电池状态的全方位监控（如剩余电量预测，相对容量百分比，电池使用状态记录等）；同时，具备良好的电池维护功能，可最大限度地延长电池使用寿命；智能的充电管理方案，可自动对电池电量进行补充，使其设备处于随时待命状态；三重电芯保护功能，确保充电过程更加安全、可靠。

（2）远程诊断与控制。通过 PC（personal computer，个人计算机）应用软件可实现对远程（由 IP 端口连接到因特网）及本地（由 USB）中转台的监控、诊断和控制，从而提高工作效率。RDAC 软件支持多站点网路连接，允许管理员监控接入网路的中转台。

（3）双时隙语音输出，方便监听和录音。数字模式双时隙语音输出，可无间断记录系统的通话状况。

（4）灵活的 IP 组网。IP 中继站互联可以将多个位置分散的相同或不同频段的中转台通过 IP 网路连接起来，形成一个不受地域限制的无线通信网络，移动终端可以在该网络下自动漫游，实现语音和数据的通信。

（5）16 个信道。支持最多 16 个信道，且每个信道都允许有效地对讲机网络控制，可以使用 RDAC Pc 工具、中转台前面板信道旋钮或中转台尾针来完成信道的切换。

（6）模拟/数字背靠背。通过背靠背的应用方案可支持模拟和数字对讲机在不通的工作模式下实现互通，从而确保模拟用户向数字的平滑过渡。

（7）GPS 定位。内置 GPS 定位模块，支持 GPS 数据传输。同时，便于应急指挥中心对移动小网位置信息进行实时监控。

3．移动指挥场景图

突发事件，应急处置人员需第一时间抵达现场，快速组建现场移动指挥网，高效指挥现场指挥人员，保证关键任务顺利地完成。

现场移动指挥网（图 5.7）由一套数字对讲机、便携式数字中转台及调度软件组成，其组网灵活，功能丰富，满足在移动现场的快速组网、高效指挥的需求。

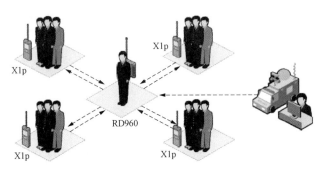

图 5.7　现场移动指挥网

5.3　PDT 集群系统

PDT 标准是由海能达作为 PDT 标准制定总体组组长单位，联合国内其他优秀通信设备厂商共同制定的。该标准对国际上成熟的技术标准进行了借鉴及创新设计，是一套技术领先并拥有中国自主知识产权的数字通信标准。PDT 标准分为集群标准和常规标准两部分，并向下兼容 DMR 标准协议。

PDT 标准尽可能保留了模拟集群及常规原有的特色和使用习惯，并充分发挥数字设备的优势，确保了模拟向数字的平滑过渡，从根本上解决互联互通及数字加密等困扰问题。

PDT 数字集群系统网络架构主要分为 3 类，按照系统规模从小到大依次为单基站系统、单区多基站系统、多区多基站系统，分别适用于派出所/厂区园区、分局/地市、多地市/省区/全国规模的无线通信网络。

1．单基站系统

单基站系统是集群系统最简单、最基本的组网形式，主要应用于覆盖范围要求不大的地区。在准平滑地区，手持台覆盖半径可达 15km 以上。

单基站系统按功能架构可分为基站子系统、业务终端两个部分，具体介绍见表 5.2。

表 5.2　　　　　　　　　　　　基站子系统和业务终端的描述

子系统	描述
基站子系统	负责按照空中接口协议与无线移动台建立通信，控制基站内部的呼叫建立与维护，具有基站无线资源的管理、基站设备的操作维护等功能
业务终端	业务终端包括移动终端和固定终端，移动终端有手持台、车载台等，固定终端有固定台、调度台、网管终端等

2．单区多基站系统

单区多基站系统是单基站系统的扩展组网形式，主要应用于覆盖范围要求较大的地区。通过承载网将系统的核心网与各基站连接起来，通过核心网对区域内基站资源、调度台参与的呼叫、跨基站呼叫及与其他外围设备（PSTN 网关、短信网关）的对接进行控制，系统整体覆盖范围相当于几个单基站的覆盖范围总和。

系统采用集中与分布控制相结合的方式，基站内的移动终端的呼叫建立及交换控制由基站（BS）自行完成，跨站的移动终端的呼叫建立及信令交互由核心网（MSO）完成，核心网与基站连接的链路故障时，基站仍可以弱化为单站集群模式工作。移动终端在多个基站中自动漫游，移动终端配合场强自动扫描功能可以自动锁定在信号最强的基站工作。

（1）系统构成。单系统按功能架构可分为核心网、承载网络、基站子系统、业务终端 4 个部分，具体介绍见表 5.3。

表 5.3　　　　　　　　　　　　单 系 统 的 构 成

子系统	描述
核心网	包含核心网（中心控制器、中央数据库、媒体格式转换网关）、网管服务器及终端设备、短消息服务器、调度台及各种互联网关设备，主要实现基站之间、基站和调度台之间及不同的系统之间的呼叫处理、接续，以及网络设备的管理监控等，是整个系统的处理中心
承载网络	为基站和核心网各网元之间的信令、业务信息及网管数据的传递提供传输通道，可以提供 IP、E1 等多种传输接口
基站子系统	负责按照空中接口协议与对讲机建立通信，控制基站内部的呼叫建立与维护，具有跨基站呼叫的接续控制、基站无线资源的管理、基站设备的操作维护及基站与核心网之间的接口控制等功能。 为了提高网络安全性，不在公安内网的基站，仅提供 E1 接口
业务终端	业务终端包括移动终端和固定终端，移动终端有手持台、车载台等，固定终端有调度台、网管终端等

（2）一体机基站的特点。在应对突发事件时，一体机基站能迅速、灵活、及时高效地部署应急通信网络，能快速提升热点和盲点覆盖网络容量和质量。作为 PDT 基站系列的补充，一体化基站完善了移动应急情况下的解决方案，提升了整

体设备的竞争力，如图 5.8 所示。

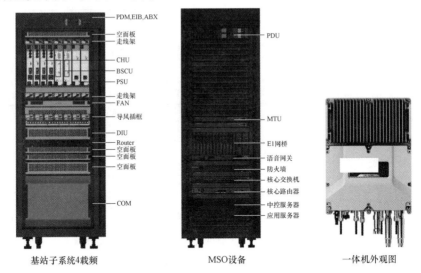

图 5.8　集中基站设备

一体化基站设备的特点如下。

1）一体化基站体积小、功耗低、可移动性好，可从容应对多种恶劣的运输环境。

2）一体化基站采用多载波技术和 SDR（软件定义的无线电）技术，最大支持八载波，且支持通过软件任意修改频点（5MHz 带宽内）和发射功率。

3）一体化基站内无风扇单元，采用高级导热材料解决散热问题。

4）一体化基站易于装配，能高效部署从而从容应对紧急事件，建网成本比普通基站要低，而且后续维护所需的成本也比普通基站低。

5）在硬件上，一体化基站具有高集成性，将标准基站的 BSCU、CHU 和射频模块合为一体，降低了成本并实现了灵活部署。

6）在软件上，一体化基站支持 PDT 系统现有的大部分功能（不支持基站控制备份和基站断网话务统计功能，也不支持电源备份、干扰检测）。

（3）网络拓扑。单区网络拓扑图如图 5.9 所示。

3．多区多基站系统

多区多基站系统包含若干个核心网，每个核心网下又包含若干个基站设备，核心网之间采用平行网络架构直接互联，实现组成覆盖某个区域、省区，甚至是全国性的网络。

（1）系统构成。多区多基站系统由多个单区多基站系统组成。各个单区的核心网采用对等方式互联。

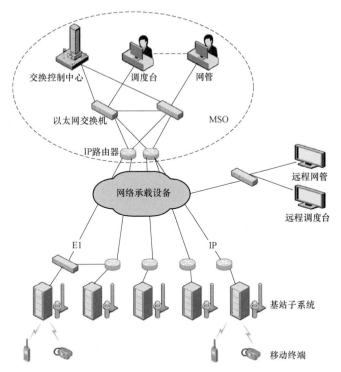

图 5.9　单区网络拓扑图

（2）网络拓扑。多区网络拓扑图如图 5.10 所示。

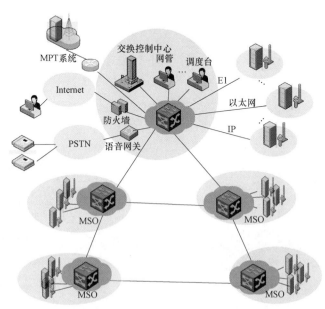

图 5.10　多区网络拓扑图

5.4 宽窄带融合集群系统

5.4.1 系统概述

全融合解决方案能够根据客户当前的专网网络建设情况，提供最佳的平滑升级融合解决方案，既能保护用户的已有投资，又能确保其关键语音通信业务不受影响，还能快速补充及丰富用户的多媒体业务能力。

1. 融合思路

专网通信业务从单一的语音调度发展到丰富的多媒体视频及数据应用，LTE宽带专网是未来专网技术发展的一个重要方向，窄带专网与宽带业务特性互补，未来将长期共存。宽窄结合功能图如图5.11所示。

图 5.11 宽窄结合功能图

融合思路：网络上 PDT 大区覆盖、LTE 热点覆盖、语音、视频、数据多媒体信息在宽通道中有序传送，通过双模终端与融合系统的配合，实现用户业务无缝切换、宽窄融合。宽窄结合最佳路线图如图 5.12 所示。

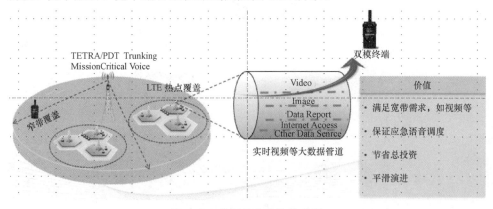

图 5.12 宽窄结合最佳路线图

2．实施步骤

宽窄带融合方案具体可分 3 个部分。

（1）建设窄带：首先为行业用户提供关键任务型语音业务及短数据的全覆盖，确保满足用户的核心基础调度指挥业务需求。

（2）叠加公网：叠加公网，不需要建设单独的宽带专网，就能为用户提供宽带数据接入能力，通过升级窄带核心网，可以为用户提供一定视频与图片的多媒体通信业务，并实现宽窄带网络的语音及短信业务的互通。但公网在满足用户应急业务及特殊场景的服务时，具备一定的局限性，如没有优先级承载控制，应急情况下强制无线电静默等。

（3）融合专网 LTE：在关键及热点区域先行建设 LTE 专网，并接入到融合核心网，实现专网覆盖保障，确保关键区域的应急语音、数据及实时视频业务，后期可逐步扩展，最终实现全区域的 LTE 专网覆盖。

5.4.2 专网建设现状

举例：现深圳市应急指挥数字集群移动通信系统于 2010 年建成并投入使用，系统集群采用了 TETRA 通信标准，并建立了深圳市应急指挥集群通信系统信息处理中心。

该信息处理中心包括用户资源和状态数据库、GPS 数据的采集存储和分发、短信及段数据信息的双向收发等集群通信功能。通过与指挥中心 CAD 系统、112 CAD 系统、119 CAD 系统及 GIS 系统整合，提供了一套具有通信调度、警力调派、GIS 定位、PDT 短信息收发等功能的指挥调度解决方案。

系统建成后，先后经历了深圳大运会、9·3 世界杯预选赛等数次大型安保任务的考验，在深圳市公安日常业务和应急指挥通信中发挥了重要作用。

随着公安部 TETRA 标准的废止和 PDT 标准的确定，以及深圳市应急指挥通信系统的实际情况，正在建设一套 PDT 系统通信调度系统，正稳妥可行地实施系统切换，存在一个双网同时运行的过渡期，确保警务指挥、勤务管理及其他应用系统的平滑过渡。

深圳公安形成现存的模拟常规、数字常规、PDT 集群、TETRA 集群等同时运行、融合共存格局，未来必将向 LTE 平滑演进。

5.4.3 公专结合的融合互通设计

公专结合的融合互通方案能够很好地补充专网多媒体业务，并且延伸专网覆盖范围、节省用户建网总成本、系统扩展性好。公专结合的融合互通架构图如图 5.13 所示。

由于宽带 4G 网络的建网成本高、技术复杂、周期长，要在全市范围内部署专用的 4G 专网难度很大，需要较大的投入和实施周期。而公网运营商网络在覆盖、容量方面有较大的优势。国内三大电信运营商的 4G 网络发展迅速，在三线以上城市的覆盖已经达到很高的普及率。因此，充分利用公网 LTE 资源可以有效地解决 4G 专网建设的瓶颈。

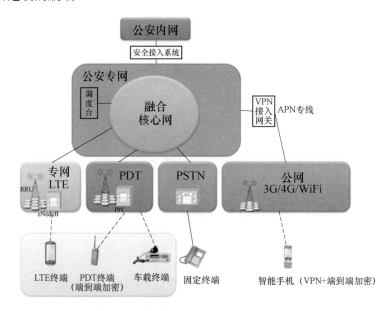

图 5.13　公专结合的融合互通架构图

在面对部分突发情况时，用户常需要在某地区建立临时指挥通信网络，用户不必专门投资建网，利用公网已有传输通道资源可在短时间内完成快速部署，而且用户不再需要网络时也不会浪费投资。

用户初期无须建设覆盖所有地区的专网，通过 4G、3G 公网的大范围覆盖，可解决用户在进入山区、农村、高速公路等集群专网盲区无法联系的问题，也可在热点地区利用公网进行业务补充和数据负载分担。例如，对于公安系统，平时指挥调度、一般警种数据业务可以在公网上跑，战时、特殊警种业务在专网上跑。

通过 PDT/LTE 专网/公网多模终端，用户可接入 PDT 网络、LTE 专网、公网 3 种网中的任意一种，有效地解决网络覆盖的问题。在公、专网络覆盖重叠的场景下，还可以根据业务类型，自动或手动优选网络来传输业务。例如，语音业务可优先使用 PDT 网络，视频业务可优先使用 LTE 专网，在没有专网的情况下使用公网。

5.4.4　宽带移动多媒体通信解决方案

宽带移动多媒体方案由 P-LTE 融合核心网、公网安全接入通道（类似警务通）、热点及关键区域的专网 P-LTE 基站，以及多媒体集群客户端构成。

1．P-LTE 系统设计

新一代宽窄带融合多媒体数字集群系统（以下简称 P-LTE 系统）可实现各种专网通信标准基站的接入，具备统一的应用接口、统一的用户管理、统一的网管平台、统一的业务管理及控制。例如，P-LTE 系统可以支持窄带、公网、互联网、宽带专网各种网络的接入方案，为用户各种宽窄带业务提供统一的管理及控制，并拥有更好的业务性能，是真正的系统融合，支持跨网络的制式的任意组呼及个呼，不受互联网关支持并发数量限制。另外，统一的系统应用接口，大大减少了第三方合作伙伴二次应用的开发工作。

2．系统架构

P-LTE 系统分为终端、系统、应用 3 层，其中系统层又可分为基站、集群核心网两大模块，如图 5.14 所示。

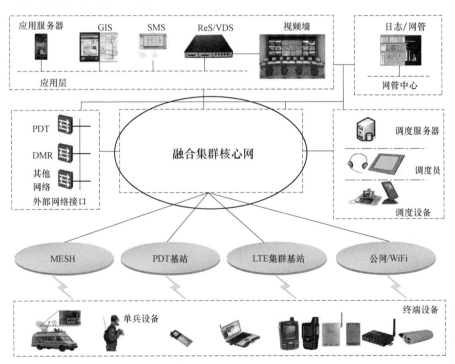

图 5.14　P-LTE 系统架构示意图

（1）架构说明：基站、eMME、eXGW 与 eHSS 可以为用户提供标准 LTE 业务。

TCF、TMF、网关子系统和调度与应用子系统则在标准 LTE 系统的基础上为用户提供专网集群业务。

P-LTE 系统中终端类型包括手持、车载、数据卡、CPE 等多种形态，其中手持和车载类终端按制式还可细分分为宽带单模与宽窄带多模两类。

（2）网元。P-LTE 系统主要包含以下网元。

1）基站。

2）集群核心网（eTC）：集群控制单元、媒体服务器、移动性管理单元、分组数据网管、增强型归属用户数据库。

3）网络管理中心（EMS）。

4）应用服务器系统：短信服务器、视频服务器、录音录像服务器、定位服务器等。

5）调度子系统：调度服务器、调度终端等。

（3）功能单元和硬件组件。P-LTE 的最底层是功能单元和硬件组件。

1）功能单元用于对所有业务功能进行模块化管理。每个功能单元包含一个或多个软件组件，可适应不同的网元或平台，并配合其他功能单元使用，其灵活性和开放性使系统在业务功能和拓扑架构达到最好效果。

2）硬件组件具有如下功能：配合功能单元使用，为其提供运行环境并用作计算机应用运行平台。

3．系统功能

P-LTE 的功能单元分为三大类：操作类、管理类、扩展类。

（1）操作类功能单元。P-LTE 的操作类功能单元用于提供各类功能，主要包括以下几种。

1）集群控制功能。

2）媒体服务功能。

3）移动性管理功能。

4）信令与分组数据业务网关。

5）基站功能。

6）电话网关。

7）应用程序网关。

（2）管理类功能单元。在 P-LTE 系统中，管理类功能单元用于系统管理，如创建终端用户、监测业务负荷、诊断并排除系统故障等。

1）故障管理功能。在 P-LTE 系统中，可通过远程的方式监控所有的系统组件及其连接情况，从而实现对系统网元的故障管理。这种管理模式有利于快速响应所有事件，及时采取干预措施。

2）配置管理功能。在 P-LTE 系统中，通过相关辅助工具可对系统进行配置。提供整个网络的拓扑图，使用户在一个全面清晰的界面上，浏览网络的关键数据和信息。拓扑图集中显示网元和网元的链接情况，显示网元的相关参数，以直观的组织形式和醒目的颜色等方式显示，使用户对整个网络的情况一目了然。

3）终端用户管理。P-LTE 系统支持对终端用户数据进行集中式管理，包括本地用户管理、漫游用户管理、组管理、动态重组、实名制管理、终端用户权限、VPN 开户，以及终端用户相关的其他数据管理。

4）性能管理功能。在 P-LTE 系统中，通过性能管理可持续监控信道和链路，对系统利用率进行分析，以便后续统计分析、优化性能使用。

5）安全管理功能。P-LTE 系统支持对安全功能进行集中管理，并提供更高级的私密和完整性保护。通过加密和鉴权机制，可有效防止未经授权的使用和访问系统中传输的语音和数据。

除了上述安全业务外，P-LTE 系统还通过 EMS 提供更多安全功能，以便对终端用户的活动进行监控，并对数据库更新进行跟踪（检查跟踪）。由此，EMS 便可及时检测和纠正一些误操作。更新数据可通过网络数据库和用户管理应用程序进行保存。

此外，安全管理应用程序提供安全便捷的远程控制功能，支持远程禁用和重新启用移动台。当移动台不慎丢失或被盗时，该功能可防止移动台的非法使用。

（3）扩展类功能单元。P-LTE 支持系统扩展和功能扩展，从而为用户量身定制解决方案，满足用户各种的需求。

系统扩展的方式多种多样，如通过中转技术实现室内覆盖，连接外部上层管理系统，以及通过网关接入现有通信系统等。

功能扩展可通过各种应用程序实现，这些应用程序，如调度台、录音录像软件、遥测软件（如数据采集与监控系统）、位置服务软件、状态呈现服务软件等，经接口连接到 P-LTE 系统后，进行语音、视频或数据通信。

P-LTE 系统的业务功能见表 5.4。

表 5.4　　　　　　　　　　P-LTE 系统的业务功能

业务功能	业务说明	业务功能	业务说明
移动管理类	注册/注销	集群语音业务	全双工语音单呼
	切换		语音组呼
	漫游		半双工语音单呼（无应答）

续表

业务功能	业 务 说 明	业务功能	业 务 说 明
集群 多媒体业务	可视单呼	集群数据 业务	定位
	同源视频组呼	集群 补充业务	紧急呼叫/告警
	视频推送给组		组播呼叫
	视频转发给组		动态重组
	视频上拉		遥毙/遥晕/复活
	视频回传		强插/强拆
	视频推送给单 UE		调度台订阅
	视频转发给单 UE		故障弱化
	语音组呼叠加视频下推		全呼
	语音组呼叠加视频转发		集团短号
	调度台发起的不同源视频组呼		调度区域选择
	同源视频组呼和不同源视频组呼转换		预占优先呼叫
集群数据 业务	实时短数据		合法监听
	组播短消息		环境监听
	广播短消息	安全类	鉴权
	状态消息		端到端加密

P-LTE 系统的容量见表 5.5。

表 5.5   P-LTE 系 统 的 容 量

序号	技术参数	小型	中型	大型	备 注
1	用户容量	1000	20000	100000	—
2	组呼容量	256	2000	10000	—
3	最大基站数	16	100	1000	—
4	支持视频容量/路	100	200	800	受制于系统网络带宽及服务器容量，可根据用户需求平滑扩展
5	调度台容量/台	4	30	200	—
6	网管终端容量/台	4	16	64	—
7	系统并发用户数（最大）	100	1000	5000	受制于系统网络带宽及服务器容量，可根据用户需求平滑扩展
8	组成员公网接入最大 用户数（M-PTT）	200	200	200	—

4．系统部署

P-LTE 系统采用独特的模块化设计，可以根据特定客户的具体要求灵活定制。

P-LTE 提供两种系统架构：分布式和集中式。集中式架构主要通过系统中心节点，实现语音、视频和数据的交换，以及与外网（如 PABX/PSTN）的互联。分布式架构则通过在各基站网元部署核心网与数据库功能单元，实现系统任意位置的交换和互联功能，使系统设计更具灵活性。另外，分布式架构还具有抗故障能力强、可靠性高的特点。

P-LTE 可以同时应用上述两种架构，实现二者的优势互补。

（1）分布式系统架构。在分布式系统架构下，每个基站都装有集群核心网单元，用于呼叫控制和移动管理，从而避免因单点故障引起的整个系统故障。同时，P-LTE 采用自组织网络技术，可提高系统的可靠性。

由于无须使用复杂的集中式交换设备，分布式系统架构的建设成本低，该架构模式适用于中小型系统，也可适用于大型系统的前期分期部署，支持软件升级。

P-LTE 具备良好的适应性和可用性，无须更改系统拓扑也能扩大容量及其覆盖范围。此外，由于 P-LTE 不受拓扑限制，因此互联网关的部署更具灵活性。网关可分布在整个网络中，尤其是基站站点处（无须安装其他硬件）。

（2）集中式系统架构。集中式系统架构是电信网络普遍采用的系统架构。在该架构下，一套集中式部署的集群核心网元负责实现系统所有集群语音、视频及数据交换业务，以及连接外部系统的网关（如 PABX/PSTN 网关）。集中式的集群核心网元支持异地冗余部署，该机制将确保个别网元节点出现故障时，系统仍然能够正常工作。

集中式系统架构有以下优点。

1）服务器性能可扩展，拥有大容量接口，适用于大型系统的部署。

2）支持服务器架构异地冗余，实现中心交换节点的最大可用性。

3）支持 PABX 或应用。

5．冗余备份设计

P-LTE 系统采用了大量的冗余设计，确保在出现故障时，可继续使用其系统业务和功能。冗余设计广泛应用于系统功能、网元和连接线路，能够有效地提升站点和系统的可靠性。站点和系统的可靠性是指当一个站点或线路完全或部分发生故障（技术原因、自然现象、恐怖行动等原因所导致）时，整个系统继续稳定运行的能力。

以下将介绍 P-LTE 系统所采用的冗余设计。

（1）基站。基站的冗余设计，包括 RRU（base band unit，基带处理单元）、

BBU（radio remote unit，射频拉远单元）。基站拥有完整稳定的高可靠性设计方案，能够满足集群专网对安全可靠性极高的要求：主要单元都有备份方案，如主控板1+1备份、信道板部署基带资源池、电源1+1备份；提供完善的软件可靠性设计，提供故障隔离、数据回滚、故障监视等功能；支持故障单站模式，在核心网出现故障时，基站依然能够提供高效稳定的服务。

1）射频子系统冗余。为了保障基站系统射频信号的覆盖可靠性，基站主要采取了两种方案：为每个RRU配置两条光纤链路，任何一个链路失效不影响其信号的传输，以实现RRU传输链路冗余；为避免RRU单点故障，采用各小区RRU和天线交叉连接方案，不会导致由于某一RRU故障，引起部分区域产生覆盖盲区。

2）BBU单元冗余。为了保障基站系统BBU单元的可靠性，主要采取以下冗余方案：关键主要单元支持1+1备份，如主控板、信道板、电源，即一个BBU单元至少安装两个主控板、信道板、电源单元；在基站运行过程中，其中激活单元保障基站的正常运行，另外一个单元则处于备用模式，当正常运行单元发生故障时，备用单元会自动切换到激活运行态，确保基站继续稳定地运行。

3）故障弱化/单站工作。在P-LTE系统中，每个基站BBU均可配置Micro-单元eTC，当该基站与其他基站链路断开时，或者与之相连的系统eTC网元崩溃时，该基站可进入单站工作模式。

单站工作模式是基站的一种紧急工作模式，系统会将其当前模式通知到移动台，以便终端用户进行小区重选。在单站工作模式下，P-LTE系统支持的集群业务几乎没有损失，但其能够介入的用户容量会受到一定的限制，同时需要连接其他服务器的业务，则取决于该基站的链路是否正常。

（2）eTC。eTC在P-LTE系统中起着关键作用，是系统集群业务控制与交换的主体。

（3）不同部署架构冗余设计。根据具体的系统架构，可对交换机采用不同的冗余设计。

1）分布式架构冗余方案。在分布式系统架构下，每个基站都装有eTC核心网功能单元，用于呼叫控制和移动管理，从而避免因单点故障引起的整个系统故障。

同时，P-LTE采用自组织网络技术，提高系统的可靠性，当某一基站与其他基站失去连接时，该基站进入单站模式；其他基站则构成一个新的分布式系统。

2）集中式架构冗余方案。在集中式系统架构下，eTC采用三级冗余备份机制来保障系统的可靠运行。

①一级冗余：eTC 的备份及容灾依靠关键单元资源池备份的方式来实现，并在基站内部需要实现相应的分级控制，以此来实现主备及容灾切换。

②二级冗余：P-LTE 核心网 eTC 架构支持异地冗余备份机制，当一级 eTC 核心网元故障后，系统则切换到异地 eTC，进入二级冗余备份模式。

③三级冗余：当异地 eTC 也不可用时，基站可使用本地 Micro-EPC 方式，即进入单站模式。

6．M-PTT 多媒体集群客户端

多媒体集群客户端软件 M-PTT 可以安装在用户的安全智能手机上（Android 系统），通过公网安全接入用户宽窄带多媒体融合核心网，而不需要额外建设单独的服务器，只需要根据接入终端用户数量进行服务器扩容，就可以与专网用户之间进行单呼、组呼等多种语音，并提供数据访问、宽带视频及图片等多媒体业务。

该应用基于 SIP（session initialization protocol，会晤初始化协议）实现，遵从 RFC 3261 协议，同时参考了国内 B-TrunC 通信标准接口及相关业务规范。

多媒体集群客户端 M-PTT 业务介绍见表 5.6。

表 5.6　　　　　　　　　多媒体集群客户端 M-PTT 业务介绍

业务功能	子业务列表	业务发起者	业　务　说　明
用户数据管理	组信息管理	核心网	终端 UE 注册成功后，由核心网主动下推用户所属组信息至终端 UE 呈现
	联系人信息管理	核心网	终端 UE 注册成功后，由核心网主动下推用户所属联系人信息至终端 UE 呈现
集群语音业务	全双工语音单呼	终端 UE 或调度台	终端 UE、调度台之间建立的全双工语音呼叫，可实现双向实时语音通话
	语音组呼	终端 UE 或调度台	终端 UE 或调度台针对一个组发起的半双工语音呼叫，话权管理、讲话人信息识别、讲话限时、迟后进入、组呼释放权限控制、发起者获得话权
	半双工语音单呼	终端 UE 或调度台	终端 UE、调度台之间建立的半双工语音呼叫，可实现单向实时语音通话，话权管理、讲话人信息识别、讲话限时、发起者获得话权
集群多媒体业务	可视单呼	终端 UE 或调度台	终端 UE、调度台之间建立的全双工视频通话，参与方可实现双向实时语音视频通话
	同源视频组呼	终端 UE 或调度台	终端 UE 或调度台针对一个组发起的半双工语音呼叫，话权管理、讲话人信息识别、讲话限时、迟后进入、组呼释放权限控制、发起者获得话权

业务功能	子业务列表	业务发起者	业 务 说 明
集群多媒体业务	视频推送给组	调度台	调度台针对一个组发起的、仅包括视频流的组呼业务。视频源来自于调度台。组成员只能接收，不能申请话权。在视频推送过程中，调度台可变更视频流参数
	视频转发给组	调度台	调度台针对一个组发起的、仅包括视频流的组呼业务。视频来自于其他终端或视频源，转发的视频流不经过调度台，从核心网直接转发给组内用户
	视频上拉	调度台	调度台发起的单向视频会话，将指定终端 UE 的视频上传到调度台
	视频回传	终端 UE	终端发起的单向视频会话，将该终端的视频上传到调度台
	视频推送给单个 UE	调度台	调度台发起的单向视频会话，将调度台的视频下发给指定的单个终端
	视频转发给单个 UE	调度台	调度台发起的单向视频会话，将指定终端 UE 的视频指示核心网转发给指定的单个终端 UE
	语音组呼叠加视频下推	调度台	已有的语音组呼进行过程中，调度台发起单向视频会话，将调度台的视频下发给同一个组的用户。语音组呼叠加视频下推后，同时存在语音和视频两个媒体流，两个媒体流独立控制。语音话权控制只针对语音媒体流进行，由组内成员申请话权系统分配，用户仅能获得语音的发送许可。视频源一直由调度台控制，调度台可变更视频流参数。 调度台可以同时结束语音组呼和视频下推，或者单独结束视频下推
	组呼叠加视频转发	调度台	已有的语音组呼进行过程中，调度台发起单向视频会话，将视频流经过核心网直接转发给同一个组的用户。语音组呼叠加视频转发后，同时存在语音和视频两个媒体流，两个媒体流独立控制。语音话权控制只针对语音媒体流进行，由组内成员申请话权系统分配，用户仅能获得语音的发送许可。视频源由调度台控制，调度台可变更视频源和视频流参数。 调度台可以同时结束语音组呼和视频转发，或者单独结束视频转发
	非同源视频组呼	调度台	由调度台发起，同时建立语音和视频两种媒体流的组呼业务。呼叫发起方发起一次呼叫请求，系统同时建立语音和视频两个媒体流，两个媒体流独立控制。语音话权控制只针对语音媒体流进行，由组内成员申请话权系统分配，用户仅能获得语音的发送许可。视频源由调度台控制，调度台可变更视频源和视频流参数。 调度台释放不同源视频组呼时，同时结束语音和视频媒体流
集群数据业务功能	实时短数据	终端 UE 或调度台	一个终端或调度台向另一个终端或调度台发送短数据，要求接收方收到短数据后立即回复确认消息

业务功能	子业务列表	业务发起者	业务说明
集群数据业务功能	组播短消息	终端 UE 或调度台	终端或调度台向某个组内的所有用户发送的点对多点短消息，在信息传送时无须接收端确认
	实时多媒体短消息	终端 UE 或调度台	一个终端或调度台向另一个终端或调度台发送多媒体（图片等）短数据，要求接收方收到短数据后立即回复确认消息
	组播多媒体短消息	终端 UE 或调度台	终端或调度台向某个组内的所有用户发送的点对多点多媒体短消息，在信息传送时无须接收端确认
	状态数据	终端 UE 或调度台	终端之间或终端与调度之间传递行业用户自定义的状态信息的过程。状态数据可采用点到点或点到多点方式传输
	定位	终端 UE 或调度台	终端之间或终端与调度之间传递定位信息的过程。定位可采用点到点或点到多点方式传输
集群补充业务	紧急呼叫	终端 UE 或调度台	终端 UE 可以针对预置的终端 UE 号码或组号发起紧急呼叫，调度台可以将发起的呼叫配置为紧急呼叫
	组播呼叫	调度台	调度台向某个组（包括成员为系统内所有用户的组）内的所有用户发起的单向语音呼叫或视频呼叫，其他用户只能接听，不能讲话
	全呼	调度台	调度台发起的单向语音呼叫，系统全体用户参与，用户只能接听，不能讲话
	环境监听	调度台	调度台发起的一种单向的语音单呼，从而将该终端周围的声响发送到调度台进行监听。在环境监听发起、进行中、结束时，终端 UE 没有任何显示或提示。环境侦听功能不影响终端的操作和业务
	环境监视	调度台	调度台发起的一种单向的可视单呼，将该终端 UE 周围的声响和图像发送到调度台进行监视。在环境监视发起、进行中、结束时，终端 UE 不进行任何显示或提示。环境监视功能不阻碍终端的操作和业务

M-PTT 的基本业务指标见表 5.7。

表 5.7　　　　　　　　　　　M-PTT 的基本业务指标

性　能	指　标　要　求
终端支持最多组数量	1000
终端支持最多联系人数量	5000
语音编解码	AMR（4.75kb/s、12.20kb/s）
视频编解码	H264
视频分辨率支持	QVGA、VGA、CIF、QCIF、SVGA、XGA、720p
视频帧率	15、20、25、30

M-PTT 的基本业务交互界面如图 5.15 所示。

图 5.15　M-PTT 的基本业务交互界面

5.5　宽带系统

5.5.1　简介

作为 P-LTE 专网通信网络的接入网单元，如图 5.16 所示，是整个网络连接系统中的关键设备。

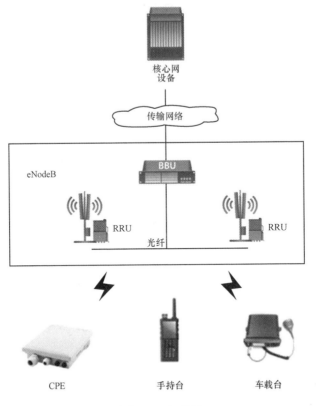

图 5.16 拓扑图

基站设备主要包含两个硬件实体 BBU 和 RRU。

（1）BBU 是设备的基带处理单元，主要完成基站业务的处理，为专网客户在各种应用场景提供业务服务，并且为客户提供方便的维护、监控功能，从而提升基站设备的易用性和可维护性。

（2）RRU 是通过光纤将基站射频模块拉到远端的射频单元，完成中频及射频信号的处理，通过先进的射频和天线技术，为用户提供高速率、低时延的数据处理，极大地提升基站系统的容量。

在 P-LTE 专网系统中，基站负责与终端设备建立无线连接，为用户提供接入服务，进行语音、视频及数据业务的传输，保证网络覆盖，为专网用户提供高速数据体验。

在网络宽带化的基础上，基站支持 B-TrunC 及 3GPP 提出的集群协议标准，提供包括单呼、组呼、视频组呼、群组优先级等在内的专网集群功能，建立专网业务通道，为专网客户提供诸如视频调度、视频会议、文件分发等多项专网业务。

同时基站还针对不同的专网应用场景，提出了多种场景下的优化解决方案，如针对视频监控场景的上行高速率解决方案，以及针对轨道交通场景的高速解决方案等。

5.5.2 基站设备的特性

针对专网需求，基站具有高性能、高可靠性、灵活部署、多制式融合等主要特点，并针对专网场景，设计了针对性的优化解决方案，更好地满足专网应用的需求。

1．高性能

（1）基于 LTE 技术，拥有极高的网络性能。

（2）传输速率高。

（3）设备宽带化，能够极大地满足高速率传输的需求，下行速率可达 100Mb/s，上行速率可达 50Mb/s。

（4）用户容量大。

（5）单站能支持在线用户数 10800 个，单小区能支持 150 个群组。

（6）业务时延低。

（7）用户入网时延为 60ms，集群呼叫时延为 280ms。

2．高可靠性

（1）关键单元支持 1+1 备份。

（2）提供完善的软件可靠性设计和故障隔离、数据回滚、故障监控等功能。

（3）支持故障单站模式，在核心网出现故障时，依然能提供高效稳定的服务。

3．灵活部署

（1）支持 5MHz/10MHz/15MHz/20MHz 常用带宽，并支持多种频点。在不需要变更硬件设备的情况下可灵活配置带宽和频点。

（2）支持 TDD（time-division duplex）下多种上下行时隙配比。

（3）支持多站点大规模组网、小规模内部组网及单站模式下组网，并根据不同场景提供最具有价值的解决方案。

（4）提供主备倒换升级、基带板扩容，保障系统升级扩容的灵活性。

4．多制式融合

支持 LTE/PDT/TETRA/DMR 多制式共存，实现窄带集群系统到宽带集群系统的平滑升级，保证后向兼容性。

5．场景化解决方案

基站可最大限度地满足专网各领域的业务需求，针对不同的业务领域的应用场景，提出多种优化的解决方案。例如，针对轨道交通行业，基站使用了高速解决方案，为客户提供高速场景下的文件传输和流畅的视频业务。

5.5.3　组网模式

1．星形组网

星形组网是 BBU 与 RRU 基本的组网形式，将多个 RRU 分别通过光纤连接在一个 BBU 的不同光口上，实现 1:N 的接入。该组网方式可扩展性好，RRU 的连接数量取决于 BBU 提供的光口数量，但需要占用大量的光纤资源，适用于光纤资源丰富的区域，如图 5.17 所示。

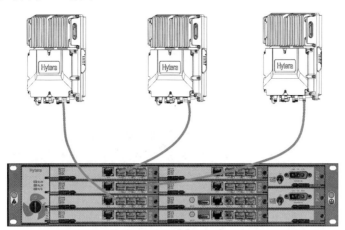

图 5.17　星形组网

2．链形组网

链形组网（图 5.18）是指多个 RRU 采用光纤和自身的光口一一级联的方式，最后串联到 BBU 的一个光口上。该组网方式可节约光纤资源，RRU 的连接数量取决于 RRU 连接所用光纤提供的带宽，该连接方式可应用于地铁、公路覆盖场景。

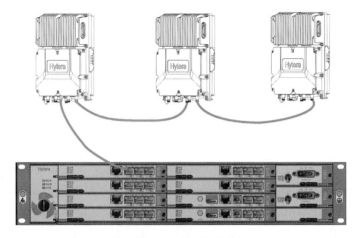

图 5.18　链形组网

3．环形组网

环形组网（图 5.19）是指 BBU 与 RRU 之间的两对光纤采用不同的物理路径，形成环路，提供冷备份、热备份、负荷分担功能，提高了组网的可靠性。

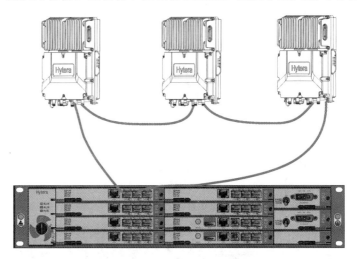

图 5.19　环形组网

5.5.4　宽带一体化基站车载/快速部署解决方案

一体化基站主要定位于满足用户补盲、快速部署、热点覆盖、车载应急等需求：一是盲点覆盖较弱和信号空洞问题，对于室外的盲点区域包括密集城区的居民小区、街道、郊区、山区、城乡间道路等，室内盲点区域包括没有室内分布系统的大型商场、办公楼宇等环境；二是某些热点区域某些时刻容量不能满足用户量的需求，这两种情况都需要额外增加小区覆盖，提升容量。一体化基站外观如图 5.20 所示。

图 5.20　一体化基站外观

1．一体化基站构成

一体化基站集成基站和 EPC 功能单元，集射频、基带、核心网功能于一体，具有成本低、体积小、功耗低、组网简洁灵活等特点，能够快速提升热点和盲点覆盖网络容量，提升网络质量。

一体化基站在专网通信系统中的运行环境如图 5.21 所示。分布式基站 BBU 和 RRU 分离，BBU 通过光纤或电缆连接到核心网 EPC 设备，一体化基站集成了核心网 EPC、BBU、RRU 的功能，实现在小容量覆盖的场景、高集成度、低成本的应用。

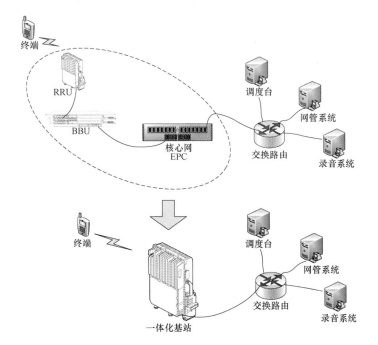

图 5.21　一体化基站运行环境

2．一体化基站星形组网模式

一体化基站星形组网模式中的每个站独立接入专网，形成分布式结构，如图 5.22 所示。

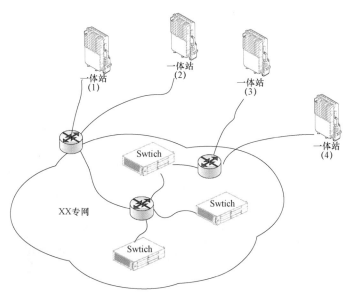

图 5.22　一体化基站星形组网

3．一体化基站级联组网模式

一体化基站级联组网模式（图 5.23）支持 3 站 3 小区级联配置模式，3 小区的 EPC 软件通过一个站接入专网，单点接入，节省组网成本。

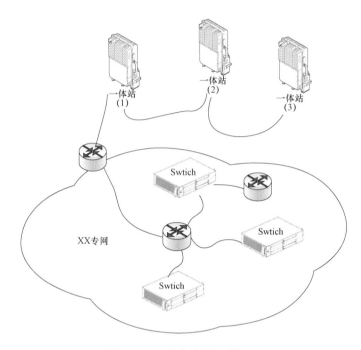

图 5.23　一体化基站级联组网

4．一体化基站车载/快速部署方案

一体化基站车载/快速部署方案如图 5.24 所示，其具有如下特点。

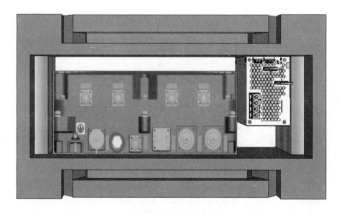

图 5.24　一体化基站车载/快速部署方案

（1）车载防震箱体，550mm×528mm×318mm。

（2）集成度高，单箱体内置一体化基站及电源模块。

（3）所有接口位于一侧，单侧出线。

（4）可根据需要加装强制风冷及指示灯面板。

（5）部署方便，适用于普通小车车载及单人运输。

5.5.5 网络覆盖实施规划

本项目的 P-LTE 系统采用热点固定基站覆盖、车载移动应急覆盖实施策略。

1．网覆配置条件

本次规划采用 1447～1467MHz 20M 频率组网，使用 TD-LTE 技术，上下行时隙配比为 2:2，假设基站高度为 35m，基站天线增益为 18dBi，基站发射功率为 46dBm，UE 发射功率为 23dBm，在边缘速率要求上下行都为 1Mbps 速率的情况下，进行链路预算，得到单小区的上下行覆盖距离：密集市区单小区下行 1Mb/s 的覆盖距离为，室外 1.59km，室内 0.72km；密集市区单小区上行 1Mb/s 的覆盖距离为，室外 0.56km，室内 0.26km。

由于 UE 的发射功率限制，网络的覆盖都是上行受限，所以覆盖距离和覆盖面积一般由上行覆盖决定。

密集市区小区上行覆盖：通过理论计算，上行 1Mb/s 边缘速率的情况下，密集市区基站小区的室外覆盖半径为 560m，假设每个站点 3 小区覆盖。那么密集市区单小区的覆盖面积为 $SCell = 6 \times \frac{1}{2} \times \frac{1}{2} R \frac{\sqrt{3}}{4} R = \frac{3\sqrt{3}}{8} R^2$，则一个基站的覆盖面积 $SEnb = 3$、$SCell = 0.61km^2$。

一般市区小区上行覆盖：通过理论计算，上行 1Mb/s 边缘速率的情况下，市区基站小区的室外覆盖半径为 680m，假设每个站点 3 小区覆盖。那么密集市区单小区的覆盖面积为 $SCell = 6 \times \frac{1}{2} \times \frac{1}{2} R \frac{\sqrt{3}}{4} R = \frac{3\sqrt{3}}{8} R^2$，则一个基站的覆盖面积 $SEnb = 3$、$SCell = 0.9km^2$。

小区覆盖图如图 5.25 所示。

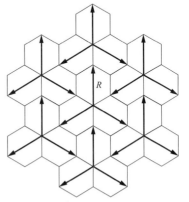

图 5.25　小区覆盖图

2．固定基站规划

热点固定基站的站点计算都是只考虑站点的室外覆盖半径。

3．车载应急覆盖

车载应急覆盖可采用 SUV 搭载一体化基站实现，可快速构建通信网络，各级指挥中心和现场人员可以进行双向的数据传输、语音集群的通信，以此来提升工作效率。

5.6 手持终端

5.6.1 窄带终端

1．数字手持机

拥有大尺寸高清 TFD LCD（liquid crystal display，液晶显示屏）与全键盘大按键设计的手持机，支持数字和模拟两种模式，采用窄带语音编解码和数字纠错技

术，可以在更大的通信范围内保证清晰的话音质量。利用先进的 TDMA 数字技术，PD 980 比同功率的模拟对讲机可延长 40%的额外工作时间。其品质符合严格的美国/中国军用标准和高等级的工业防护标准，确保了手持机在各种复杂工作环境中都可发挥优异的性能。数字手持机如图 5.26 所示，其具有如下特点。

（1）人性化的外观设计。数字手持机采用大尺寸彩色 LCD，即使在户外强光下也可对显示信息一目了然；获全球专利的外观和天线设计极大地增强了操作的准确性，确保优良的

图 5.26　数字手持机

定位性能。

（2）高效的频谱利用率。TDMA 双时隙技术使频谱利用率大幅提高，数字手持机可在原有的频率资源基础上容纳多一倍的信道，极大地缓解了频谱资源日益短缺的压力。

（3）特有的双时隙虚拟集群功能。作为 PDT 设备特有的功能，双时隙虚拟集群技术可以将当前空闲的时隙分配给需要通话的组员，更好地提高了频带利用率。在某些紧急情况下，可帮助及时传递重要信息。

（4）丰富的语音加密功能。数字手持机除了提供数字技术固有的加密，还可提供更高级别的加密能力（如 256 位加密算法）和扰频功能（可选）。

（5）可靠耐用的质量。数字手持机的品质严格符合美国军用标准 MIL-STD-810 C/D/E/F/G 和国家军用标准 GJB 150A—2009 及 IP68 工业防护标准，在 2m 水深下浸泡 4h 仍可正常使用，可从容应对各种恶劣的工作环境。

（6）完美的音效。数字手持机内置先进的 FM1288 数字降噪芯片，采用先进窄带语音编解码技术和数字纠错技术，可抑制 30dB 的噪声，在任何嘈杂的环境中，均可获得清晰的话音。而 AGC 技术的利用，也极大优化了语音接收效果。其内置

3W 大功率扬声器，保证声音清晰、洪亮，可保持通信畅通。

（7）极速的充电体验。数字手持机标配 2000mAH 电池，数字模式下可以工作 20h。搭配单兜电池分析仪和智能电池，可在 1.5h 内将 2000mAH 的电池充满电，同时还可提供电池管理和分析功能。

（8）先进的蓝牙功能。数字手持机通过内置蓝牙 4.0，可实现更高效便捷的应用，为日常工作提供强大支撑。其可实现蓝牙语音、蓝牙读写频、API（application program interface，应用程序接口）等。

（9）全新的全双工通话体验。数字手持机提供全双工通话模式，不再局限于手持机传统的通信方式，可实现终端之间的双向通话，在关键时刻提供更及时的沟通。

（10）创新中继传输功能。在无信号区域，可以通过开启中继传输功能，快速建立一个小型的局域网，实现语音互通，扩大通话的距离。

（11）独有的 TF 扩展卡插槽。数字手持机支持最大 32GB 的 TF 卡，支持公安部一所的 TF 加密卡。

（12）完善的录音功能。数字手持机支持终端录音、查询和播放功能，录音文件可存储在 TF 扩展卡中。其搭配专业的录音软件可对日常的工作语音进行管理、分析和存储，为突发事件的事后分析提供有力的保障。

（13）更精准的定位。数字手持机采用最新的定位芯片，支持 GPS、北斗，提供更高的定位精度，支持语音和 GPS 数据同传。

2．超薄数字手持机

超薄数字手持机（图 5.27）是指按照 PDT 标准设计制造的一款针对高端用户的全新彩屏数字对讲机，它拥有超薄的机身，适合贴身佩戴；同时配备蓝牙配件，可以解放双手，便于隐蔽的操作。其具有如下特点。

（1）轻薄机身。超薄数字手持机采用创新的锁密式结构设计，超薄超轻、厚度仅为 23mm，方便贴身隐藏携带。

（2）振动提示。在执行警保任务时，超薄数字手持机的振动提示功能可避免呼叫铃声暴露警员身份。

（3）蓝牙配件。超薄数字手持机内置的蓝牙模块，配合蓝牙耳机、蓝牙指环 PTT 使用，可解放警员双手。

图 5.27　超薄数字手持机

（4）显示清晰。超薄数字手持机采用 1.8 英寸彩色半透半反 TFT（thin film transistor，薄膜晶体管）显示屏，强光下可视，且拥有素雅的彩色中文界面，具有 4 排文字显示，方便用户阅读。

（5）一键数传与短信查询。超薄数字手持机拥有便捷的一键操作功能，程序预设某些按键，实现警员状态快速报备等功能。警员还可以编辑短信，快速查询所需的信息。

（6）双面可选 MIC。超薄数字手持机正反两面均有讲话 MIC，可以根据使用习惯选择一面 MIC 工作。

（7）可靠耐用。超薄数字手持机的品质严格符合美国军用标准 MIL-STD-810C/D/E/F/G 和国家军用标准 GJB 150A—2009 及 IP67 工业防护标准，在各种恶劣的工作环境中都可以发挥其优异的性能。

（8）卫星定位。超薄数字手持机内置 GPS 卫星定位模块，可以让调度中心获取每台终端的位置信息。

（9）安全通信。超薄数字手持机除支持公安部标准的硬件加密外，还支持用于数字语音和数据的高级加密标准和 ARC4 加密算法。

设备内置倾斜角度感应装置，当设备倾斜某角度（可预设）后自发完成对指挥台的报警功能，保障使用者的安全。

（10）二次开发。超薄数字手持机提供开放的二次开发接口，可轻松实现二次开发及丰富应用功能的扩展。

图 5.28　数字对讲机

3．数字对讲机

本数字对讲机（图 5.28）是指按照 PDT 标准精心打造的数字对讲机。其凭借强大的数字功能、人性化的外观设计、卓越的通信品质，带来全新的数字通信体验，为专网通信提供坚实可靠的保障，现已成为国内 PDT 终端的明星设备。数字对讲机具有如下特点。

（1）支持 4 种工作模式。数字对讲机支持 4 种工作模式：模拟常规、模拟集群、数字常规和数字集群，可以保证模拟设备向数字设备平滑过渡。

（2）兼容认证。数字对讲机与 PDT 联盟厂家的系统已通过 IOP 测试认证，可以兼容使用。

（3）一键数传与短信查询。数字对讲机拥有便捷的一键操作功能，程序预设某些按键，实现警员状态快速报备等功能。警员还可以编辑短信，快速查询所需的信息。

（4）双卫星定位系统。数字对讲机内置 GPS 和北斗双卫星定位模块，确保调度中心获取每台终端的位置信息。

（5）安全通信与倒放报警。数字对讲机除支持公安部标准的硬件加密外，还支持用于数字语音和数据的高级加密标准和 ARC4 加密算法。

设备内置倾斜角度感应装置，当设备倾斜某角度（可预设）后自发完成对指挥台的报警功能，保障警员的安全。

（6）可靠耐用。数字对讲机的品质严格符合美国军用标准 MIL-STD-810C/D/E/F/G 和国家军用标准 GJB 150A—2009 及 IP67 工业防护标准，在各种恶劣的工作环境中都可以发挥其优异的性能。

（7）显示清晰。数字对讲机采用 1.8 英寸彩色半透半反 TFT 显示屏，强光下可视，且拥有素雅的彩色中文界面，具有四排文字显示，方便用户阅读。

（8）二次开发。数字对讲机提供开放的二次开发接口，允许用户或第三方厂商开发更丰富的应用功能（GPS、呼叫控制和遥测）。

4．数字车载台

数字车载台（图 5.29）是指按照 PDT 标准精心打造的数字常规车载台。其强大的数字功能、人性化的外观设计、卓越的通信品质、高而清的话音，给使用者全新的数字通信体验，为应急通信提供坚实可靠的保障。其具有如下特点。

图 5.29　数字车载台

（1）支持 4 种工作模式。数字车载台支持模拟常规、模拟集群、数字常规和数字集群 4 种工作模式，可以保证模拟设备向数字设备平滑过渡。

（2）显示清晰及操作便利。数字车载台采用 2.0 英寸彩色 LCD，即使在户外强光下也可对显示信息一目了然；通过 5 个可编程按键，可快速实现所需的功能，从而提高通信效率。

（3）话音清晰洪亮。数字车载台采用了先进窄带语音编解码技术和数字纠错技术，在嘈杂的环境中或覆盖边缘地带，都可获得清晰的话音。AGC 技术的利用，也极大地优化了语音接收效果。其内置 8W 大功率扬声器，保证声音清晰、洪亮。

（4）安全通信。数字车载台除支持公安部标准的硬件加密外，还可提供更高级别的加密能力（如 256 位加密算法）和扰频功能。

（5）500 汉字短信息。数字车载台支持与对讲机、调度台之间进行短信息互发，单条收发与显示短信息可达 500 个汉字。

（6）支持空口写频。数字车载台支持空口写频功能，可实现在不使用有线方式连接计算机的情况下，任意增加/删除控制信道、组呼联系人等操作。

（7）双卫星定位系统。数字车载台内置 GPS 与北斗双定位模块，两套定位系统可智能切换，确保调度中心获取每台终端的位置信息。

（8）二次开发。数字车载台提供开放的前面板和后面板二次开发接口，允许用户或第三方厂商开发更丰富的应用软件来扩展对讲机功能。

（9）使用可靠。数字车载台的品质严格符合美国军用标准 MIL-STD-810C/D/E/F/G 和国家军用标准 GJB 150A—2009 及 IP54 工业防护的标准，在各种恶劣的工作环境中都可以发挥其优异的性能。

5.6.2 多模智能终端

宽窄带终端设备在通信制式上主要支持 PDT＋LTE，在窄带部分支持 PDT 集群、MPT 集群、PDT 常规、模拟常规等窄带技术，同时，也支持公网 2G/3G/LTE、专网 LTE、WiFi、蓝牙和 NFC（near field communication，近场通信）等宽带技术，是一款宽窄带结合的设备，目标用户为应急通信行业既有窄带语音需求也有宽带数据需求的用户，主要用于满足用户从窄带网到宽带网络的过渡时期或用户工作在窄带＋宽带混合网络时的使用需求。宽窄带融合技术拓扑图如图 5.30 所示。

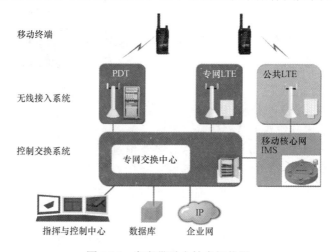

图 5.30　宽窄带融合技术拓扑图

宽窄带终端设备系列将窄带的软硬件平台和宽带的软硬件平台进行融合，开发出全新的软硬件平台，以实现宽窄通信技术的完美融合。融合特点如下。

（1）支持窄带和宽带集群个呼、组呼等语音通信。

（2）支持窄带和宽带集群短信、分组数据等数据业务。

（3）支持图片、视频、地图、数据查询等数据应用。

智能配件与宽窄带融合终端的通信方式利用近距离无线通信技术：蓝牙、WiFi P2P、USB3.0 及 UART 串口通信等，从多个角度保证了双方数据的通路多样性，并同时保障数据传输的稳定性。

智能配件与宽窄带终端之间通过特定的传输协议及加密方案，也保证了数据的私密性。智能配件设备同时也具备其独立的通信能力，通过内置 WiFi 或外接 LTE 模块，也可以实现通过 IP 高速访问相关应用服务器的能力。

不管是移动终端设备，还是智能配件设备，在新技术领域内都致力于打造专业的无线通信网络，为客户提供完整的通信解决方案。

1．技术特点

为了打造新一代的智能融合宽窄带终端，始终以用户需求为核心，掌控前沿技术，并结合窄带技术独特的业务需求，通过不断创新和技术研究，在技术领域中实现了关键的成就，打造出宽窄带融合的智能对讲机。

（1）宽窄带语音融合。通过窄带和宽带软硬件平台的融合，终端设备可平滑实现宽带和窄带的语音通信，并且支持专网集群相关语音业务，也可实现公网的语音业务，有效地提高了用户的通信效率。并且在应急状态下，可快速实现语音通信。

（2）宽窄带数据融合。在保持窄带的短信息业务基础上，融合了宽带网络的数据应用，可以实现视频录音、照相、音/视频指挥调度等应用，通过后台大数据平台的搭建，提供了融合数据能力，打通了宽窄带的应用平台。

（3）多天线集成。由于窄带和宽带工作在不同的频段上，而且主机内置多个无线通信模块，为了提供更好的信号收发，需要将多个天线进行集成共用，并且要有更好的信号效果。

（4）音频质量。由于窄带设备对音频质量的要求高，同时为了兼顾宽带的音频要求，宽窄带设备在对音质的处理上，在高音量、抗噪音、MIC 增益等方面都要进行增强，以提供更好的音质追求。

（5）射频干扰。窄带通信采用高功率通信技术，可以在恶劣的通信环境下进行有效的通信；但宽带功率较低，在某些环境下信号不好；而且，两者在某些频段很相近，容易造成干扰。为了解决这些问题，宽窄带终端在器件和射频性能、软件算法等方面都进行了深度优化。

（6）多网络无缝切换。宽窄带终端具备多网络通信的能力，可以通过不同的网络的融合通信改善终端在不同工作状态下的切换性能，提供无缝切换的用户体验。可以更好地为客户提供网络的过渡，如从专网模拟到数字集群，再到宽带专网或公网等。而且，在漫游过程中，也可以实现平滑的网络切换。

（7）省电技术。宽窄带终端采用多种省电测量来匹配不同的应用环境，通过智能管理 GPS、蓝牙等的功能模块来有效地提升电池的续航能力，并且通过软硬件省电模式提高电池的使用时间。

（8）系统安全。采用整体性安全策略，从底层芯片到上层应用，从信息处理到信息通信逐层进行安全加固，全面防范从各个层面可能遭受的恶意攻击，确保系统的稳定可靠性和敏感信息的私密性。

专用 TF 卡加密方案，满足公安一所语音加密要求，以及公安三所的警务数据加密要求。

各种 APP 运行在公共安全操作系统上，可实施远程控制，对本地蓝牙与 WiFi 数据通道使用权限进行控制。

双系统同时运行，顶层系统应用丰富，可信任的安全操作系统对重要数据进行加密及安全管控。

（9）结构可靠性。宽窄带终端不仅具有宽窄带融合终端的丰富功能，更延续了窄带终端的专业可靠性，在力求轻薄的基础上，还保持高三防等级，通过一些结构工艺保证终端的可靠。

2．技术参数

（1）该设备系列的主要功能：宽窄带语音，宽带视频，支持个呼、组呼等语音通信，支持短信、分组数据等数据业务，图片、视频、地图、数据查询等数据应用，对讲机管理，公共安全界面，触摸屏，摄像头，蓝牙 4.0，WiFi，RFID，第三方开发，APP。

（2）窄带业务功能：DMO 包括扫描、漫游、工作模式、组呼、个呼、文本消息、状态消息、定位、紧急报警、端到端加密、鉴权；Analog 包括扫描、静噪、监听、预加重/去加重、压扩、亚音频/亚音数码、紧急报警、模拟扰频，如图 5.31 所示。

（3）宽带业务功能：联系人、电话、消息、图库、摄像、录音、设置、日历、时钟、手电筒、指南针。

图 5.31　宽窄带融合终端

（4）宽带集群业务功能。

1）集群语音业务：全双工语音单呼、语音组呼。

2）集群多媒体业务：可视单呼、同源视频组呼、不同源视频组呼、视频下推、视频上拉、视频回传。

3）集群数据业务：实时短数据、组播短消息、广播短消息、状态消息、多媒体信息、定位。

4）集群补充业务：紧急呼叫，组播呼叫，遥毙、遥晕、复活，合法监听，环境监听等。

终端配置及清单见表 5.8。

表 5.8   终 端 配 置 及 清 单

类型	配件名称	关键规格	标配/选配
天线类	标准天线	宽窄带共用	标配
智能电池类	标配电池	标准电芯	标配
	选配电池	标准电芯	选配
充电电源类	标准单座充	智能座充 4h 充满	标配
	快速单座充	智能座充 30min 充 80%，2h 充满	选配
	快速排充	智能座充，6 个充电位 30min 充 80%，2h 充满	选配
音频类	有线耳咪	支持 PTT 功能 支持全双工通话 支持通过主机语音降噪	选配
	蓝牙耳咪	支持 PTT 功能 支持全双工通话 支持通过主机语音降噪	选配
	语音肩咪	支持 PTT 功能 支持全双工通话 支持通过主机语音降噪	选配
RSM	摄像肩咪	支持 PTT 功能 支持全双工通话 支持通过主机语音降噪 支持摄像	选配
数据线	编程连接线	支持数据读写	选配
	数据线	支持数据读写	选配

5.6.3 LTE 终端

1．总体架构

宽带终端设备在通信制式上支持专网 LTE，同时，也支持公网 2G/3G/LTE、专网 LTE、WiFi、蓝牙和 NFC 等宽带技术，是一款纯宽带结合的设备，目标用户为应急通信行业提供视频和语音需求，主要用于满足用户工作在公网宽带＋专网宽带混合网络时的使用需求。

宽带终端设备系列将公网宽带的软硬件平台和专网宽带的软硬件平台进行融合，开发出全新的软硬件平台，以实现公专宽带通信技术的完美融合。

2．技术参数

LTE 终端的规格参数见表 5.9。

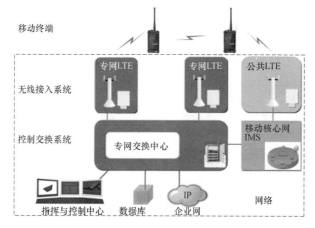

图 5.32　宽带公专网融合技术拓扑图　　　　图 5.33　LTE 终端

表 5.9　　　　　　　　　　　　　　LTE 终端的规格参数

主屏尺寸	4.7 英寸，全触，HD 分辨率
触摸屏	电容屏，5 点触控，支持手套、手势和雨水操作功能
主屏材质	IPS 高清硬屏
主屏分辨率	HD 1280 像素×720 像素
外观设计	直板
网络类型	双卡双待，标配一张 Sim 卡和一张 T 卡，可以选配双 Sim 卡无 T 卡
网络模式	GSM，WCDMA，EVDO，TD-SCDMA，TDD/FDD-LTE
数据业务	LTE CAT4/HSPA/TD-SCDMA/1xEV-DO/EDGE/GPRS
支持频段	2G：GSM850/900/1800/1900； 3G：WCDMA850/900/1900/2100； LTE-FDD：B1/B3/B5/B7/B8/B 17/B20； LTE-TDD：B38/B39/B40/B41 专网 1.4GB、1.8GB； TD_SCDMA：A/F（B34/B39）EVDO，BC0
理论速率	LTE：CAT4（150Mb/s 下行速率，50Mb/s 上行速率）； WCDMA：Category 24 HSDPA category 7 HSUPA； TD_SCDMA：category 14（downlink）category 6（uplink）； GSM：Class 12 GPRS，Edge
操作系统	Android 6.0
CPU 频率	MTK6735，四核 1.3GHz
机身内存	16GB ROM＋2GB RAM
存储卡	可扩展至 64GB

电池容量	锂聚合物 5300mAH，可快速更换
机身颜色	经典黑
手机尺寸	165mm×79mm×20.8mm
手机质量	300g（手机），428g（带电池），450g（全套）
机身特点	具备 IP67 防尘防水功能，满足户外使用需求，GPS，SOS，对讲机
频道旋钮开关	专业对讲机频道旋转开关设计，方便行业客户盲操作
可编程键	预留可编程键，为具体行业的应用场景量身定制软件应用
GPS 导航	GPS/BEIDOU/GLONASS/GALILEO
电池装配方式	可更换电池
快速充电	支持 2AH 快速充电
Mic 降噪功能	双 Mic 设计，有效抑制环境噪音，保持恶劣环境下语音清晰
三防功能	支持 IP67 级防水，IP67 级防尘，专业防震
传感器	加速度计，陀螺仪，地磁，压力，距离，环境光感，运动传感
传感器类型	CMOS
手电筒	可选配强光电筒
指纹识别	可选指纹识别
收音机 FM	支持
NFC	支持发射频率：13.56MHz
储存温度	−20~+70℃
工作温度	−20~+60℃
摄像头像素	前置摄像头为 200 万像素，后置摄像头为 800 万像素
拍照特点	记录视频，自动对焦，数码变焦
图像尺寸	最大支持 4096 像素×3072 像素
闪光灯	1 颗 200 流明以上
视频拍摄	最大支持 1920 像素×1080 像素，30 帧
数据功能	
WLAN 功能	WiFi 802.11 a/b/g/n，2.4GB/5.8GB
数据接口	USB 2.0
耳机插孔	6Pin 标准磁吸接口
蓝牙传输	BT 4.0
包装清单	主机，锂电池，外置天线，数据线，充电器，说明书
认证	型号核准证
Rohs	支持

5.6.4 视频记录仪

视频记录仪如图 5.34 所示。

1．功能特点

（1）符合美国军用标准，整机防护等级 IP68。

（2）公安一所语音加密，公安三所数据加密。

（3）数据直接加密，无惧传输管道泄密。

（4）视频记录仪所有指标符合国家公安部视频记录仪行

图 5.34　视频记录仪 业标准。

（5）可作为肩咪连接二代智能对讲机使用，其扬声器功率为 2W。

（6）智能终端可给视频记录仪供电，延长 RSM 的工作时间。

（7）远程终端控制数据实时传输。

（8）智能终端可时时查看记录仪存储内容并回传给后台。

（9）紧急报警时，后台可直接查看现场视频。

（10）单独工作时间：连续录像时间可大于 5h。

（11）比较薄，厚度小于 25mm。

（12）USB 2.0 高速数据传输：32GB 媒体数据有线上传只需 22min。

（13）使用千兆路由器通过 WiFi 数据传输：32GB 媒体数据，并发 20 台同时上传数据只需 160min。

2．业务功能

视频记录仪的业务功能见表 5.10。

表 5.10　视频记录仪的业务功能

项目	功　能	规　格
摄像	支持分辨率	1920 像素×1080 像素，P60/P30； 1280 像素×720 像素，P60/P30； 848 像素×480 像素，P60/P30
	WiFi 支持传输的视频流分辨率	1280 像素×720 像素，P30； 848 像素×480 像素，P30
	USB 传输实时视频支持的分辨率及格式	H.264；1080 像素，P30/720 像素，P30
	码率	S.Fine/Fine/Normal
	预录	≥10s
	视频恢复	支持
	跌倒录像	支持
	紧急录像	支持

项目	功　能	规　格
摄像	视频帧数	60ftp/30ftp
	视频文件存储格式	MP4
	视频编码格式	H.264
	关键视频标记	支持
	视频加密/解密	支持
	视频播放/暂停/下一个/上一个/快进/快退	支持
	视频回放	支持
	水印	视频拍摄时间，日期/设备 ID/人员信息
拍照	一键拍照	支持
	照片格式	JPEG
	照片质量	S.Fine/Fine/Normal
	水印	视频拍摄时间，日期/设备 ID/人员信息
	抓拍	摄像时抓拍
	图片加密/解密	支持
	照片查看/上一张/下一张	支持
	照片存储最大容量	500 张
	照片大小	3MB/5MB/16MB
存储	最大支持存储卡容量	128GB
录音	音频文件加密/解密	支持
	音频采样速率	48kHz，16b/s、48b/s
	支持单声道/立体音	立体声
	录音格式	AAC
	录音回放	支持
	重点录音文件标记	支持
手咪/肩咪	语音发送/接收	支持
显示	中英文等多国语言显示	支持
	开机画面显示	支持
	电量/BT/WiFi/数传/附件连接状态、紧急报警/扫描/个呼/组呼图标	支持
	信道号/别名	支持
	组号/别名	支持
	音量	支持

项　目	功　　能	规　　格
显示	异常提示	支持
	关机画面	支持
提示音	开机提示音	支持
	关机提示音	支持
	按键提示音	支持
	紧急报警提示音	支持
	开启录像提示音	支持
	退出录像提示音	支持
	开启录音提示音	支持
	结束录音提示音	支持
	存储空间告警提示音	支持
	低电提示音	支持
LED 指示	紧急报警	支持
	PTT 发射	支持
	PTT 接收	支持
	电源	支持
	录像	支持
	录音	支持
	存储空间警告	支持
	低电提示	支持
	充电	支持
	有线数据传输	支持
	无线数据传输	支持
其他	软件升级	支持
	充电开机	支持
	实时时钟	支持
	支持红外夜间拍摄	6m
	键盘锁	支持
	日志记录	支持
	充电管理	支持
	光线监测	支持

项目	功 能		规 格
PC 管理软件	管理软件	软件语言选择	简体中文/英文
		软件版本显示	显示 PC 软件版本，最后修改日期、公司信息
	管理	超级密码输入	0~9，8 位数字
		超级密码修改	0~9，8 位数字
		普通密码输入	0~9，8 位数字
		普通密码修改	0~9，8 位数字
		预览 log 文件	查看 log 内容
		设置 USB 作为 MSC 移动磁盘	经过密码验证后，可以设置为移动磁盘读取里面的内容
	设备信息	设备列表	选择/显示（别名，设备 ID）
		设备别名	读取/设置
		用户名称	读取/设置
		用户编号	读取/设置
		单位名称	读取/设置
		单位编号	读取/设置
	设置	自动关 LCD	关/5s/10s/30s
		视频清晰度	1080 像素，P60/30；720 像素，P60/30；848 像素×480 像素，P30
		图片清晰度	3MB/5MB/16MB
		图片质量	超高/高/正常
		加速度感应灵敏度	关/低/中/高
		水印	关/时间日期/时间日期/设备 ID
		时间/日期	设置时间日期，同步计算机时间
		红外灯灵敏度	高/中/低
		录音音量控制	静音/低/中/高
		分段长度	5min/10min/关
		语言	英文/简体中文
		蓝牙模式	主/从
		WiFi 模式	AP/STA
		默认	恢复默认设置
		关于	固件版本/硬件版本

3．性能指标

视频记录仪的性能参数见表 5.11。

表 5.11　　　　　　　　　　视频记录仪的性能参数

项目	性　　能
存储	32GB 版本可满足连续 6h 高清录像（1080P，30fps）； 64GB 版本可满足连续 12h 高清录像（1080P，30fps）； 128GB 版本可满足连续 24h 高清录像（1080P，30fps）
摄像 拍照	白天光线充足，5m 距离外，高度 10cm 大小字体可看清； 白天光线不足，开启补光（白光 LED）3m 距离外，高度 10cm 大小字体可看清； 无光状态下，开启夜视（红外 LED）功能 3m 距离外，高度 10cm 大小字体可看清
电池	2000mAH 电池可满足记录仪连续拍摄不小于 5h
文件传输	支持断点续传功能； 有线连接下传输速率不小于 25Mb/s，无线连接下传输速率不小于 15Mb/s
时钟电池	记录仪更换电池的过程中，在没有电池的状态下仍可进行拍摄 5min 以上； 更换电池的过程中，时钟不受影响

4．配件及清单

视频记录仪的配件及清单见表 5.12。

表 5.12　　　　　　　　　　视频记录仪的配件及清单

序号	类型	配件名称	标配/选配
1	电源类	座充	标配
2		适配器	标配
3		肩咪连接线	标配
4		车充	选配
5	携带类	背夹	选配
6		肩章挂架	标配
7		车载固定支架	选配
8	数据线	肩咪连接线	标配
9		USB 2.0 数据线	选配

5．典型应用

（1）图像回传。视频记录仪在前方采集的突发事件的视频图像或实时视频数据，在视频记录仪中进行加密，通过有线或无线的方式传递给智能对讲机、云终端或路由器等可接入网络的设备，如图 5.35 所示。这些设备再将数据通过移动数据公网或专网传递至云端数据库存储。由于所有传输管道中传递的数据在源头已经加密，所以对数据传递路径要求较低，形式更灵活多样，不必担心因传递过程出现数据泄露而导致的安全问题。

图 5.35　图像回传示意图

（2）后台加密调用。指挥调度中心通过连接云端数据存储获取一线数据影像（图 5.36），同时可以实时控制一线现场的视频采集终端进行实时视频的回传。所有数据均在调度中心本地服务器上解密，拒绝信息泄露。

图 5.36　指挥调度中心图像获取示意图

（3）一体机与分机配套应用。视频记录仪一体机主要由人员携带，获取非本人之外的移动数据影像。分体视频记录仪由于摄像头布置更加灵活，所以既可以单兵携带同时也可以作为车辆内部的监控使用。通过将分体视频记录仪摄像头以较高高度的架设，来实现对车辆内部状况的监控。除可以监视危险以外，还可以规范人员在工作中的不恰当行为。一体机与分体机的应用场景如图 5.37 所示。

（4）离线应用场景。工作人员携带视频记录仪，可肩挂或手持。视频记录仪处于工作状态时，仅进行视/音频录像，不实时回传。待回到办公场所，采取有线或无线的方式，将存储的音视频上传到服务器管理端。视频记录仪离线应用场景如图 5.38 所示。

图 5.37　一体机与分体机的应用场景　　　图 5.38　视频记录仪离线应用场景

（5）在线实时回传应用场景。工作人员携带视频记录仪，可肩挂或手持。视频记录仪处于工作状态时，在录制视/音频录像的同时，通过智能终端实时回传至服务器。视频回传的方式：借助多模智能终端，通过数字集群宽窄带融合专网，或者通过公网回传到服务端；借助热点 WiFi 设备，视频回传到服务端。视频记录仪在线应用场景如图 5.39 所示。

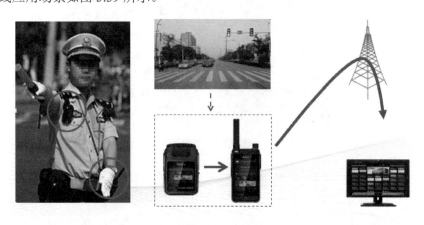

图 5.39　视频记录仪在线应用场景

6

应 急 通 信 车

6.1 应急通信车系统的总体设计

应急通信车具有机动灵活、快速反应、多种通信手段的能力，能为应急现场提供通信支撑和保障，可在第一时间与后方指挥中心建立通信，提供实时的语音、视频等现场信息。小型应急通信车系统如图 6.1 所示。

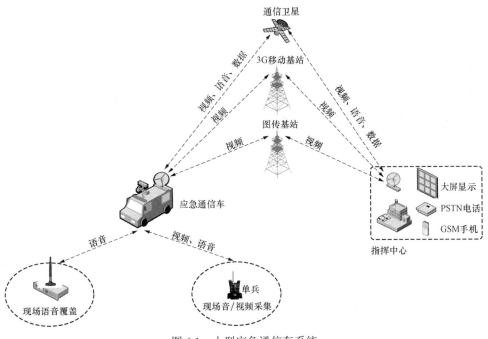

图 6.1　小型应急通信车系统

应急通信车与后方指挥中心的通信功能，主要包括语音和视频两个方面。

1．语音方面

应急通信车系统集成常规转信台，可以对应急现场进行常规的语音信号覆盖，扩大现场语音通信范围，并通过多种传输链路连接后方指挥中心，从而使后方指挥人员即使不在现场，也可对现场进行监控和指挥。同时，也配置了卫星电话，在偏远地区也能随时随地与后方进行通话。

2．视频方面

应急通信车接收到现场视频后，可通过车载集成的 3G/4G 视频模块将现场视频信息发送到后端指挥中心；也可配合车载视频发射机将现场视频信息发射到基站接收机，最终通过有线方式传回指挥中心；同时，可利用卫星通信系统实现现场视频信息的回传到后方指挥中心。

6.2 应急通信车系统的功能与应用

6.2.1 语音通信系统

在语音方面，应急通信车系统集成集群专网语音、常规转信台等功能，同时内置有 GSM、PSTN 等公网语音通信模块，独特的三方通话功能可支持前端人员、现场指挥部、后方指挥中心的语音互联互通及三方语音通话，从而使后方指挥人员即使不在现场，也可通过 GSM 等方式对现场进行监控和指挥。

1．集群语音通信

在应急现场有集群网络覆盖时，应急通信车可通过集群车台或集群对讲机，实现现场指挥部直接向后方指挥中心进行现场情况汇报，也可与其他集群网络覆盖区域的人员进行语音呼叫和信息交互，实现直接个呼、组呼、单呼。集群语音通信如图 6.2 所示。

2．常规语音通信

在应急现场无集群网络覆盖时，可通过中转台实现现场常规语音通信，现场指挥部通过车台或对讲机即可实现应急现场的语音指挥调度。中转台语音通信如图 6.3 所示。

6.2.2 视频通信系统

1．视频采集系统

应急现场视频采集可分为现场单兵视频采集、车顶云台摄像机采集和车内摄像机采集 3 种方式。

（1）现场人员背负单兵移动采集，实现全面、灵活的现场采集。

（2）车顶云台摄像机可在车辆驾驶时移动采集，也可在驻车时实现固定视频采集。

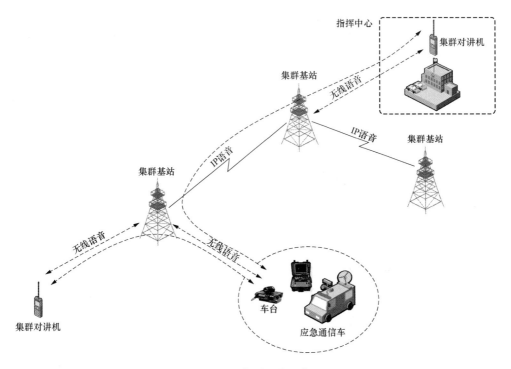

图 6.2　集群语音通信

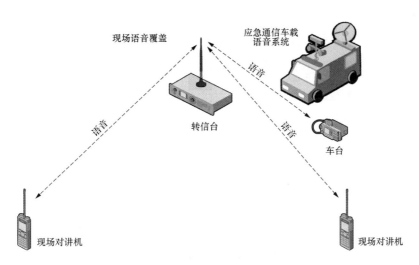

图 6.3　中转台语音通信

（3）车内摄像机随时监控车内工作状况，同时能在现场指挥部与指挥中心视频会议时实现车内视频采集。

2．专网视频传输

车载集成的视频切换矩阵视频输出接口与车载视频发射机互连，通过编码正交频分复用无线图传基站将视频回传到指挥中心，如图 6.4 所示。

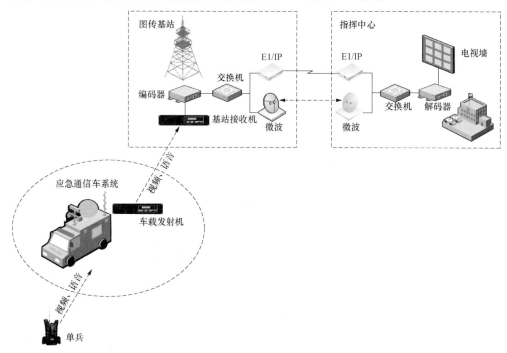

图 6.4　专网视频传输

车载接收机可接收现场单兵采集的音/视频信息，通过矩阵进行视频信号的切换和显示，通过车载硬盘录像机进行存储、回放，可满足现场指挥调度的需求。

同时，可配合车载视频发射机将视频传输到基站，基站接收后对视频信息进行编码转换成 IP 数据，然后通过 E1 专线、光纤专线、微波等链路方式将其传输到指挥中心，指挥中心部署的解码器对 IP 视频信息解码成模拟视频信号，将现场实时视频图像显示在大屏上。

3．公网视频传输

当应急现场无专网通信网络或其他传输方式时，应急通信车还可利用车载集成的 3G/4G 视频模块将现场视频信息传输到指挥中心，如图 6.5 所示。

应急通信车系统采用公网视频传输时的实现如下：通信车集成的 3G/4G 视频模块对接收到的现场视频信息进行编码转换成 IP 数据包，通过 3G/4G 路由器上传到运营商网络。后方指挥中心需向运营商申请公网 IP 地址（作为前端视频的接入地址），通过部署视频服务器、视频服务软件、视频解码器，实现现场实时视频查看、存储、回放、大屏显示。

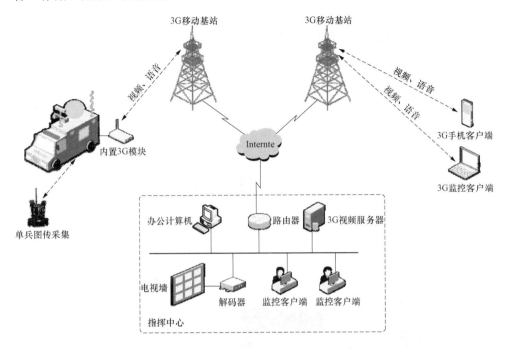

图 6.5　3G/4G 视频传输

4．卫星视频传输

应急通信车系统集成了静中通卫星系统，应急通信车所采集的音/视频信息均可通过卫星链路回传到后方指挥中心。

后方指挥中心建设卫星地面站，实现中心与应急通信车之间音/视频信息的双向传输。

6.2.3　信息处理系统

1．网络系统

现场搭建以太网交换机和路由器配合 10/100MB 的有线局域网。该网络交换机能提供多个 10/100MB 以太网接口，完全满足应急（保障）现场网络连接的需求。网络交换机提供多个以太网口引接到车外信号接口窗，并且车上部署野战光纤，方便办公人员计算机的接入或指挥车与其他网络的连接。车上还部署 3G/4G 路由器，方便办公人员接入 3G/4G 网络。

应急通信车系统中，便携式计算机可以安装指挥调度软件、办公软件、设备管理软件等，方便现场办公人员操作使用。

通信指挥车的网络系统对外互联可通过卫星、3G/4G 网络、地面有线网络 3

种方式进行。

2．车载办公系统

应急通信车内配有计算机网络系统，为办公自动化提供了信息网络平台，并满足了行业的办公需求。

3．车载音/视频处理系统

通过车载音/视频处理系统可实现无线视频接收和发送、音/视频采集、矩阵切换、音/视频显示、存储及传输等功能，音/视频处理参考图如图 6.6 所示。

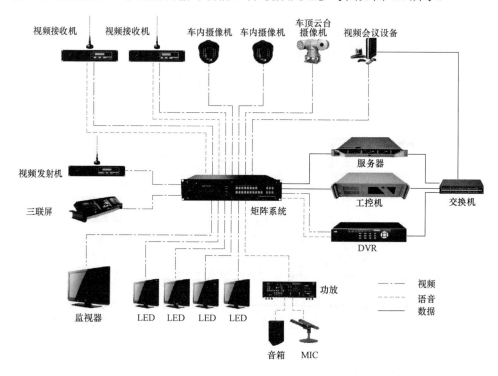

图 6.6　音/视频处理参考图

4．集中控制系统

无线终端接入本地 WiFi 网络，实现对应急通信车载设备集中控制，通过集中控制系统能实现控制如下功能。

（1）能控制车内灯光、调光器调节灯光亮度。

（2）主机控制车顶云台、车内会议摄像机。

（3）控制视频矩阵对视频信号进行切换。

（4）矩阵控制计算机信号切换。

（5）控制音频的切换，并通过调音器控制音量大小。

集中控制参考示意图如图 6.7 所示。

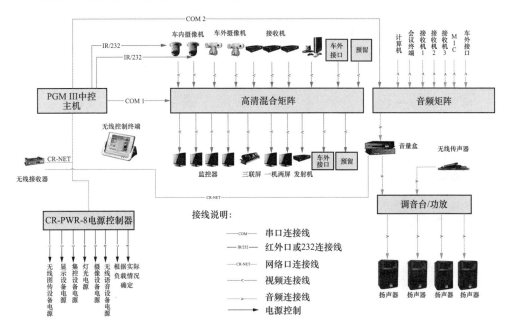

图 6.7 集中控制参考示意图

6.2.4 综合保障系统

1. 语音广播系统

车内配置无线传声器、功放、音箱、调音台等设备,并在车平台上安装扩音扬声器,实现应急现场喊话功能。

2. 照明系统

照明系统由车内照明系统和车外照明系统组成,车外照明系统主要为现场提供强光照明,保障现场工作有序地展开;车内照明主要是日光照明,照度应达到 150lx 以上,满足指挥工作的需要。

6.2.5 供电系统设计

1. 供电方式

(1)市电优先供电。

(2)无市电时,通过车载发电机进行供电。

(3)空调系统、车顶照明、气动升降等大功率设备采用市电或发电机直接供电(不通过 UPS)。

(4)车顶摄像机、头枕屏、安全警示系统、倒车后视系统等小功率直流负载设备,采用原车电池进行供电,即使在无市电、发电机、逆变供电的情况下,也能保证基本图像采集、显示、警示功能的使用。

2．供电示意图

供电系统如图 6.8 所示。

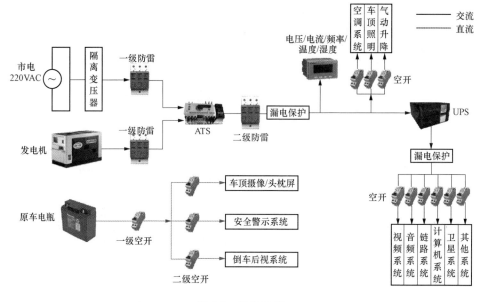

图 6.8 供电系统

6.2.6 车辆改装

1．改装设计要求

（1）机动能力。应急通信车可正常通过土路和碎石路面，所有设备都采取加固和固定措施，在碎石路面上以 25km/h 的速度行驶 200km，车内设备不受损坏。同时，确保机动指挥通信平台的车速、转弯半径、爬坡度、制动距离、宽度、接近角、离去角、涉水深度等技术指标应与原载车的相应指标相同或接近。

（2）环境适应性。

1）外部环境：温度为 −20～40℃；相对湿度为 40%～98%。

2）工作环境：车内温度为 0～40℃；相对湿度为 40%～85%。

3）风速：在稳定风速为 21m/s 的环境条件下能正常工作，在稳定风速为 32m/s 的环境条件下不损坏。

（3）安全性。应急通信车在设计过程中对人身、车辆、设备、信息等方面的安全进行了充分考虑。

1）人身安全性。

①附属设施，如门锁设计应保证在外部锁定后能从内部打开。

②厢内安装的配电控制盒（含市电接口）和交流用电设备等配装漏电保护器，当出现供电电压超标、车体带电或接地不良等现象时，可自动保护并发出声光告警。

③配置灭火器等必要的自救工具。

④厢体内所用的内饰材料采用阻燃材料，不产生或释放有毒、有害、有异味或腐蚀性的气体或物质。

⑤厢体内加装设备有必要的误操作保护措施。

⑥整车具备接地、避雷保护措施。

2）车辆安全性。

应急通信车各种性能均经过严格的调试，并由专业机构出具检测合格报告；车辆的载重均严格按照车身底盘的允许载重量严格配置；车身外形尺寸及车顶设备配置均严格执行交通部相关车辆管理制度。

3）设备安全性。

①车内设备的安全性要求符合 GJB 663—1989 的相关规定。

②应急通信车采用带漏电装置的空气断路器作为主电源开关，防范设备漏电伤人及发生线路过载、短路故障时对设备的伤害。

③在设备配置中注重设备自身的保护功能，在故障情况下，所选设备均能做出相应的保护动作，切实提高系统的稳定性和可靠性。

4）信息安全性。

①配置最先进的通信传输手段，在任何恶劣的工作环境中，确保信息传输的可靠和安全。

②在信息的传输和接收过程中，可使用加密机或防火墙，确保数据传输的安全。

（4）可靠性。为了满足通信指挥车的可靠性指标，在系统设备选型、系统设计、结构布局等方面，将采取如下措施，以提高系统的可靠性。

1）降额设计。在设备选型、系统设计等过程中，将根据设备及系统承受的应力情况，同时兼顾到成本及费用，进行合理的降额设计。一般设备的降额系数选择为 0.4。

2）冗余设计。供配电系统具备市电、发电机、蓄电池等多种供电手段，可确保整车供电系统的不间断。

3）富裕度设计。机械结构件，尤其是车顶结构的刚强度设计采用了富裕度设计技术，确保有效承载；供电电源、供电线路的功率容量、绝缘等级均采用了富裕度设计技术，确保系统的可靠性；汽车发动机总功率远大于发电机占用功率，不影响车辆的行驶性能。

4）集成化设计。系统所采用的技术都是国内外较为先进和成熟的技术，使用质量有保证的著名厂商的设备进行系统集成设计。在设备选型过程中，特别注意所选择设备的适应性和兼容性，最大限度地利用设备的各种资源，减少集成设备的数量，降低整个系统的失效率，从而大大地提高系统的可靠运行。

5）环境适应性设计。对应急通信车所使用的各种环境进行详细分析，充分考虑所选设备的环境适应性指标和环境寿命指标，确定各种环境对设备可靠性的影响，针对不足之处进行特殊处理，如加固和改造结构等设计。同时注重对系统零部件材料、辅料的选取，进行必要的方案论证和试验验证。根据车型的系统结构布局，在设计时要注意减振和抗冲击能力的问题，采用 19" 标准机柜，并安装减振装置和固定设备，防止车辆在运行过程中的振动和冲击对系统设备的损坏。

（5）可维修性。应急通信车设计符合 GJB 219A 的相关要求，装配的零部件、外购件、外协件遵循标准化、系列化和通用性原则，并具备可互换性。所有装车设备或设施尽可能选用定型的车载设备，所用设备或设施具备合格证，并经检验合格后方可使用。厢体内设备之间、照明设施之间（含信号、标志灯），以及设备与电源的接口连接线、电缆有不同类别的明显标记，以利于区别、操作和维护。修理工具（含专用工具）尽可能地少，维修程序简单、实用、快速。

（6）电磁兼容性。随着现代科学技术的发展，电子设备的数量及种类不断增加，工作频率不断提高，电磁环境日益复杂。在这种复杂的电磁环境中，如何有效地减少相互之间的电磁影响，使各种设备正常运转，需要在设备设计开始时就考虑电磁兼容性的问题。若在系统综合集成后，发现电磁兼容问题再重新调整系统结构，必然会带来更多的困难，造成研发时间和成本的双重浪费。

2．车辆改装设计

（1）车载底盘选型。考虑到车辆载重量、车内空间、车辆性能、车辆灵活性等，此次选用猎豹黑金刚作为应急通信车底盘。该车具备较强的越野性能，十分适合该应急通信车的应用需求。以下为车辆底盘的参数。

1）厢式：两厢。

2）长/宽/高（mm）：4800/1830/1890。

3）轴距（mm）：2725。

4）前/后轮距（mm）：1475/1485。

5）接近角：40.5。

6）离去角：26.5。

7）最大扭矩（N·m）：190。

8）最大涉水深度（mm）：600。

9）整备质量（kg）：1960。

10）车门数（个）：5。

11）座位数（个）：7。

12）排气量（L）：2.4。

13）进气形式：自然吸气。

14）后悬挂类型：钢板弹簧。

15）变速器形式：手动。

16）驱动方式：分时四驱。

（2）车辆结构改装。应急通信车内部布局可分为驾驶区、操作区、设备区和车顶区4个部分。

1）驾驶区。驾驶区整体布置基本沿用原车布局，根据实际需求，可将原车音响系统更换为 GPS 导航、倒车影像一体化音响系统，并放置 1 台车载台。

2）操作区。驾驶员和副驾驶座位后部加装头枕式显示屏，可在不占用车内空间的前提下让后排指挥员能实时看到车顶云台摄像机所采集的视频信息，车内人员可以通过手持终端对设备进行控制。

3）设备区。在车尾行后备厢内安装车载减振机柜，并装载通信车所集成的所有车载设备。

4）车顶区。车顶通过改装定制车顶平台，车顶平台上安装有设备吸盘天线、车载云台摄像机及卫星天线。

7

应急融合通信平台

7.1 系统概述

1．系统目标

随着通信技术的飞速发展，各地消防机关已经建设了不同制式、不同频率的无线通信系统、有线电话系统、网络系统、卫星通信系统等，为建设单位的人员通信和业务支撑提供了有效帮助。但是这样的多制式、多频率、多类型的通信系统在互联互通和紧急情况下的调度指挥方面却存在着重大的难点。

融合通信平台将多制式、多网络通信系统连通成一张网，不同制式的对讲机、各种通信终端可以互联互通，可以统一调度，为多部门多系统联动、重大火警、自然灾害、救援的紧急通信等方面提供有效的保障和支持。

2．设计思路

融合通信平台设计遵循国家公共安全行业标准《统一通信（PUC）互联互通技术标准》（以下简称 PUC），标准规定了公安统一通信平台的总体架构、功能要求、性能指标、接口规范、安全性要求和媒体流传输规范等技术要求。

融合通信平台按照 PUC 标准要求设计了无线通信调度网关、中继交换网关、视频会议互通网关、视频互通网关分别接入无线通信系统、PSTN、视频会议系统、视频监控系统，为电力应急指挥业务应用系统提供了通信支撑和服务能力，实现了一体化指挥调度的功能。

融合通信平台按照 PUC 标准要求支持多级部署，即在组网时依托省网、市局，两级 PUC 平台均以 IP 协议互联。

7.2 系统架构

融合通信平台的设计要充分考虑联通多制式、多网络通信系统的多样化需求，采用面向服务的体系架构，整体规划，分层设计，既要保证有良好的扩展性和灵活性，又要保证其稳定性和安全性，可采用多层体系架构，如图 7.1 所示。

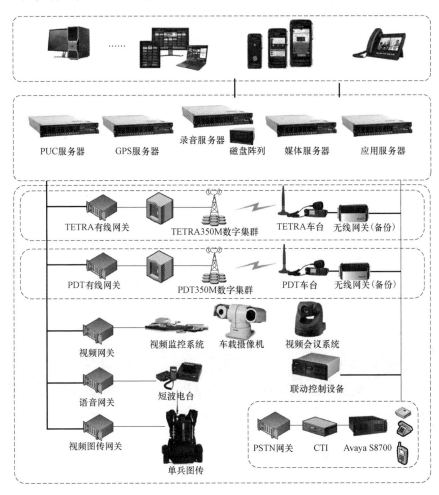

图 7.1 多层体系架构

整个系统由接入网关设备、中心服务设备、调度台 3 大部分组成，其中网关、服务支持跨平台、跨系统、跨层次伸缩部署。

平台技术指标见表 7.1。

表 7.1   平 台 技 术 指 标

	系统管理终端数	100000 个/服务器
系统性能参数	服务器支持并发呼叫数（入＋出）	1000 路/服务器
	系统管理 SAP 数	200 个/服务器

续表

	客户端处理语音能力（监听＋呼叫）	28 路/客户端
	支持客户端数	200 个/服务器
系统性能参数	客户端管理终端数	5000 个/客户端
	客户端地图上终端刷新能力	200 个/s
	服务器磁盘容量	30M/（路/h）
	时延	小于 20ms
用户链路传输性能参数	抖动	小于 10ms
	丢包率	小于 0.1%
	语音带宽	每路 80kb/s

7.3　全网录音

数字录音系统在指挥中心日常运营中非常重要，是提升系统可靠性、可管理性的重要手段。在重大事件发生之后，对录音数据进行及时回溯，可全面还原事件发生的全过程，对于事件解析、事后追查、责任判定都有着非常重要的作用和价值。录音管理界面如图 7.2 所示。

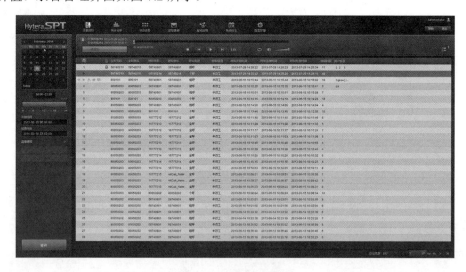

图 7.2　录音管理界面

数字录音系统具有音/视频通信中的电话、会议、视频会议等调度通话的音频录音功能，采用 SNTP（simple network time protocol，简单网络时间协议）方式与通信调度子系统进行时间同步，系统采用的架构可支持多用户同时登录。

数字录音系统具备了以下主要功能。

1．实时状态监控

录音终端软件可以实时显示当前被录音终端的录音状态，可以显示正在录音、完成录音的状态。

2．实时监听

录音终端软件可以通过状态监控功能查看录音终端的状态，当其正在录音/录像过程中，可以对该终端进行监听，对视频通话进行监视。

3．终端等级管理

录音终端软件中可以由用户自定义设置被录音终端的权限等级，并实现统一的管理。

4．操作员权限管理

根据操作员的职责分工、权限级别和配置数据信息的情况，实现对被管对象控制操作权限的定义、设置、修改等操作控制。

5．磁盘管理

系统支持磁盘文件管理功能，可以自定义设置告警阈值，在超过告警阈值的情况下能够根据磁盘剩余情况分阶段地分别进行提示、告警、磁盘整理操作。

6．日志

系统可对登录用户的过往操作进行日志记录、查询和导出。

7．告警

系统支持对录音系统的异常状态进行声光告警，支持对过往告警日志查询及导出。

8．录音查询、回放、下载、标记记录、删除

录音系统在进行通话录音时会将通话起始时间、通话时长、主被叫号码、通话结束原因、录音文件名等重要的参数记录起来，并保存到数据库中。当需要回放录音时，用户可以利用通话记录的主被叫、通话起止时间段等关键字段的组合检索或通过 Web 方式实现查询，并根据需要回放或下载通话录音文件；系统还支持对查询结果的指定录音记录进行标记和备注，方便日后了解录音的所属情况；根据操作员的权限，具备删除权限的操作员可依据录音启动停止时间、主被叫号码、被录音终端号码、录音时长、录音类型、备注信息对录音记录进行查询后进行相应的删除操作。

9．实时录音

调度台在呼叫成功，以及需要自动录音的无线通信组建立呼叫时，录音服务器就会自动对通话启动录音，在通话结束时，录音也会实时结束并将录音保存到

指定的磁盘目录下。

10．事件关联

系统支持以事件方式将调度通话及录音进行关联，实现事件处置方式下的调度及录音的存储、查询等功能。

11．冗余备份

为保证录音的可靠性，降低漏录的风险，录音系统采用双系统同时录音的方式，并分别保存在各自服务器上，实现冗余备份，录音服务器支持磁盘整列，可支持超过 3 个月录音文件的保存。

12．录音系统性能

录音系统支持至少 100 路用户同时录音，其中可支持大于 30 路软交换用户、大于 30 路电路交换用户、大于 10 路软调度用户同时录音；录音格式可支配置为 WAV、WMA 等格式，可由用户选择其中一种格式进行录音。

7.4 统一通信

7.4.1 互联互通

融合通信平台通过各种有线网关和无线网关，将不同制式无线通信系统的语音和信令转换成标准的信令，在融合通信平台的服务器中进行语音、数据和信令的交换，实现跨系统的互联互通功能。

互联互通可实现的功能包括个呼、组呼、个短信和组短信，各系统之间互联可实现的功能见表 7.2。

表 7.2　　　　　　　　各系统之间互联可实现的功能

	DMR 模拟常规	DMR 数字常规	MPT	PDT	TETRA	公网电话
DMR 模拟常规	①	①②	②	②	②	④
DMR 数字常规	①②	③⑦	③	③⑦	③⑦	⑤
MPT	②	③	③	③	③	⑤
PDT	②	③⑦	③	③⑦	③⑦	⑤
TETRA	②	③⑦	③	③⑦	③⑦	⑤
公网电话	④	⑤	⑤	⑤	⑤	⑥

①—信道互通呼叫；
②—信道呼叫与组呼互通；
③—组呼与组呼互通；
④—公网呼叫与信道呼叫互通；
⑤—公网呼叫与组呼互通；
⑥—公网个呼互通；
⑦—组短信互通。

具体实现功能如下。

（1）负责融合对接 PGIS（police GIS，警用地理信息系统）、视频监控、视频会议等各式数据应用系统，给消防通信指挥系统提供统一的调度接口。

（2）负责融合对接各式通信系统和 PUC 的多级互联，给消防通信指挥系统提供统一的调度接口。

（3）负责融合对接 PDT 集群、Tetra 集群、IPPBX 等各式通信系统，给消防通信指挥系统提供统一的通信业务接口。

（4）支持双机主备功能，保障融合通信系统的稳定可靠。

（5）为消防通信指挥系统实现了与通信系统、数据支撑系统无关的丰富调度应用模式。

（6）负责与 PGIS 视频监控等业务数据支撑系统进行对接，隔离应用系统的变化，保障数据业务系统对接扩展的灵活性。

7.4.2 统一语音服务

平台提供统一的语音服务，为指挥中心上层应用程序提供融合通信服务，融合通信服务采用 Web serivce、TCP（transmission control protocol，传输控制）协议、XML（extensible markup language，可扩展标记语言）协议等技术提供的标准接口服务。

系统功能如下。

1．语音呼叫

（1）单呼：个别呼叫，指通过个呼号码呼叫个别用户，该用户包括对讲机、电话、视频会议接入号等。

（2）组呼：通过组号或组别名发起呼叫。呼叫中包含优先级信息。

（3）全呼：呼叫某个系统内的所有成员，通过一呼百应的方式发起呼叫。

（4）广播呼叫：可以针对个别用户或组用户发起广播呼叫，广播呼叫的特征是广播发起人一直掌握话权，其他参与者只能收听呼叫。

（5）紧急呼叫：在紧急的情况下，用户可以发起针对个号或组的紧急呼叫。紧急呼叫发起需要一定的权限，一定发起，拥有最高优先级别的信道抢占权。

（6）环境监听：调度员有权限对终端用户发起环境监听，以个号为单位发起。环境监听的特征是被叫人不知道此时有呼叫发生，而调度员可以通过该呼叫监听被叫的周边环境声音。

（7）呼叫保持/恢复：调度员可以同时接听多路个呼，当多路个别呼叫同时接入时，调度员需要按顺序挨个接听。当调度员需要和后续的呼叫进行通话时，则需先保持现有呼叫，当后续呼叫接听完毕后，可以恢复原有呼叫继续通话。

（8）呼叫转移：调度员可根据情况把正在进行的个别呼叫转移给其他调度员或转移到其他终端用户。

（9）信道呼叫：为常规终端特有功能。按照信道 ID 发起呼叫。

2．补充业务

（1）监听：调度系统可以同时监听多个组的通话。在必要的时候可以加入这些组的通话。

（2）动态重组：调度员可以创建和删除一个组，调度员可以往任意一个组中添加和删除组成员。添加和删除的指令通过空口信令发射到无线终端上。

（3）组派接：调度员通过操作调度界面可以把两个以上的组临时连接在一起。该连接通常在交换机系统侧完成。

（4）强拆：调度员可以强行拆除一个正在进行的通话。

（5）强插：调度员可以强行插入一个正在进行的通话。

3．安全业务

（1）遥晕：通过空口信令，调度员可以远程使一个对讲机临时失效。遥晕是指将移动终端暂时性失效，遥晕后的终端仅能登记、复活、遥毙、鉴权、环境侦听和 GPS 上报，在移动终端丢失的情况下保证了组织通信的安全，只有当调度员发起复活操作成功后才可恢复正常工作。若移动终端不在线，则 PDT 集群系统保存遥晕或复活指令，待移动终端上线后，立即执行该指令，保证指令的有效性。

（2）遥醒：调度台可以通过发射指令使一个临时失效的对讲机恢复正常的工作状态。

（3）遥毙：调度台可以发射指令远程使一个对讲机永久失效。

（4）E2EE：端对端加密功能。调度员和对讲机的语音通话在空中传输过程中、在系统传输过程中都属于加密状态，只有在调度员的扬声器播放之前和在对讲机的扬声器播放之前才由特定的加密算法进行解密。

4．短信业务

（1）文本短信：调度员可以发送 140 字节以内的文本短信至终端，反之亦然。

（2）状态短信：调度员可以发送 1 字节的短信到终端。反之亦然。由于只有 1 字节，该短信通常表示特定的状态，需要终端或调度根据状态标志自行进行翻译。

（3）紧急告警：调度员可接受来自终端发送的紧急告警信息。调度员收到该紧急告警信息后，在重要位置闪烁显示，直到调度员点击操作后才取消。

（4）回叫请求：系统定义的特殊状态信息，调度员收到该回叫请求的状态字后，需要立即回叫主叫用户。

5．上下线管理

上下线管理：调度员可监控每个终端的上下线信息。

6．GPS 定位

（1）按周期上报：调度员可设定一个时间参数，每间隔一段时间就通过查询的方式上拉一次终端的 GPS 信息。

（2）全网订阅：按照设置好的时间间隔，系统上拉所有的终端 GPS 位置。

（3）部分订阅：按照设置好的时间间隔，系统上拉选择的终端 GPS 位置。

7．基础数据管理

（1）定期同步网管数据：在网络管理中设置的组信息、用户信息等关键信息，也同样是调度指挥所需的关键信息。因此，调度系统可按照预先设置好的时间点定期同步所需要的网管数据。

（2）实时同步网管数据：在某些特定的情况下，可以人工地刷新网管数据到调度系统中来，这时就需要实时地同步这部分信息。

（3）从 XML 文件中导入：对于某些不支持网管接口的系统，调度系统支持使用 XML 作为交换条件，从中导入关键用户信息。

8．控制业务

在连接某些无线网关时，系统无法从网管系统中得到关键信息，只能从电台中得到相关的组信息和组扫描状况及终端状况。因此控制业务主要来控制终端的业务通道，以方便发起呼叫和保护呼叫（免除互斥）。

9．数据增值业务

（1）遥感遥测：通过终端的二次开发接口，可以接入遥感遥测模块，如温度、水位等信息，传输到调度系统统一展现。

（2）空口写频：可以通过空中接口对终端进行写频。

7.4.3 统一系统管理

平台提供统一的系统管理，包括全网用户管理、全网网络管理。

1．全网用户管理

全网用户管理分为两部分：调度台用户管理和终端用户管理。

对于调度台用户管理，可以针对不同级别、不同部门、不同工种的各类人员，分配不同的操作权限，用户登录调度台后，呈现本调度台可供调派的资源。

本系统可实现全网用户状态、用户数据的统一管理功能，通过部署全网用户统一管理服务器，自动从各级通信子系统获取用户配置数据和用户状态数据，实现全网数据的统一更新。

2. 全网网络管理

随着通信多样化发展的需要，用户建有多种通信网络，各专业网络系统分别采用独立的网管系统，割裂了通信网本身的有机联系，各专业网只能了解本专业网的网络运行情况。其信息孤立分散，难以实现数据共享，发现故障与问题时难以迅速确定与排除。对于用户来说，增加了维护网络的难度。

全网网络管理系统支持收集各种通信调度子系统内的 IP 语音网关、呼叫控制器和各子系统发来的告警信息，自动甄别告警信息，并进行告警信息显示。同时通过 SNMP V2 协议将告警上报给综合监控管理平台。运维管理首要的任务就是对环境的运行状况进行及时的监控，已经发生的故障需要能快速定位和恢复，对潜在的问题需要提前分析发现并给予有效的预防。网络管理功能如图 7.3 所示。

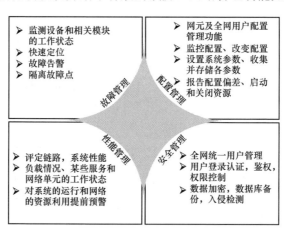

图 7.3　网络管理功能

7.4.4　二次开发接口

平台提供二次开发的接口供上层应用利用平台的融合通信能力，平台提供简单易用的二次开发工具供客户或集成商进行二次开发，向外部提供通信系统呼叫、语音、定位、录音等所有功能。接口服务关系图如图 7.4 所示。

融合通信平台的二次开发接口以下两种方式提供。

1. 扩展 SIP 协议

二次开发接口支持对标准 SIP 协议进行扩展，完成基本的呼叫功能，如发起呼叫、专网通信话权控制、断开呼叫等。如果合作伙伴只需要完成简单的呼叫功能，并对 SIP 协议的开发和使用有充分的经验，建议使用这种开发协议。这种协议的特点是可以充分利用 SIP 协议的标准功能，可以使用常用的开发者协议栈，开发周期短，功能实现简单。

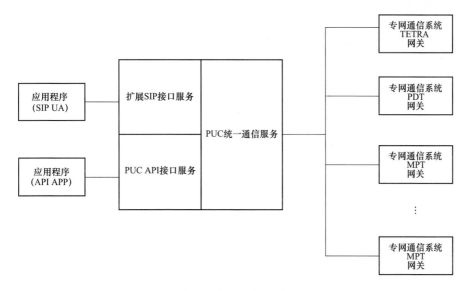

图 7.4 接口服务关系图

2．PUC XML 协议

二次开发接口提供的 XML 扩展协议接口，可以完成丰富的应用程序功能，除了完成常规的呼叫控制外，还可以实现如数据管理、监控管理等复杂的功能项，如果合作伙伴需要开发专业化的调度应用软件，监视使用这种开发协议完成开发。

二次开发接口的接口功能列表见表 7.3。

表 7.3 二次开发接口的接口功能列表

功能集	功能	详 细 描 述
系统接口	初始化	对客户端 API 进行初始化
	启动服务	启动 API 服务
	请求服务	向服务器请求相关的服务和数据
	停止服务	停止 API 服务
	释放资源	释放 API 占有的相关资源
	启动 VoIP 服务	启动 VoIP 服务，指定在本地某一端口上接收 RTP 语音包
	发送语音	向某路呼叫发送语音数据
	停止 VoIP 服务	停止 VoIP 服务
鉴权相关协议	登录	请求连接到 PUC Server 时发起的登录指令
	注销	请求退出 PUC Server 时发起的注销
	授权请求	客户端向服务器请求系统的 license 信息

功能集	功能	详细描述
用户数据管理	数据版本请求	客户端向服务器请求数据版本信息
	用户数据查询	查询用户数据
	用户数据管理	增加、删除、修改用户数据
	组用户数据查询	查询组用户数据
	组用户数据管理	增加、删除、修改组用户数据
	组成员数据查询	查询组成员信息
	组成员数据管理	增加、删除、修改组成员信息
	组织块查询	查询组织块数据
	组织块管理	增加、删除、组织块信息
	设备查询	查询设备信息，设备是指无线终端、有线终端等
	设备管理	增加、删除、修改设备信息
配置管理	短消息模板管理	增加、删除、修改短消息模板
	全呼管理	全呼号码，参数配置管理
	区域查询	查询系统设置的区域
	区域管理	增加、删除、修改区域信息
	规则查询	查询区域管理规则
	规则管理	增加、删除、修改区域管理规则
	越区告警管理	增加、删除、修改越区告警设置
图片管理	上载图片	上载图片到 PUC 服务
	下载图片	下载图片到 PUC 服务
	删除图片	删除 PUC 服务上的图片
呼叫日志	日志查询	查询呼叫日志
紧急告警处理	紧急告警处理	处理接受人的紧急告警
	紧急告警列表查询	查询接受者为请求调度员的所有未处理告警
	紧急告警数量查询	查询所有紧急告警数量
语音服务	发起呼叫	主动建立一个新的呼叫
	振铃	表明呼叫正在接收端（API 应用程序）振铃
	连接	接听呼叫
	断开连接	断开呼叫连接
	话权申请	申请通话权限
	话权释放	主动释放话权

功能集	功能	详细描述
语音服务	呼叫保持	保持正在通话中的呼叫，去处理其他的操作
	恢复保持	恢复被保持的呼叫
	呼叫转移	将正在参与的呼叫转移到其他终端
短数据服务	文本信息发送	向目标地址发送一个文本消息，目标可以是另一个应用程序、无线用户或组用户
	状态短消息发送	向目标地址发送一个状态消息，目标可以是另一个应用程序、无线用户或组用户
	接收文本信息	接收其他无线终端发送的文本短消息
	接收状态信息	接收其他无线终端发送的状态短消息
监控服务	打开监控服务	打开监控服务
	登记/去登记事件	监控无线终端的登记/去登记事件
	监听接收文本信息事件	监听无线终端的接收文本信息事件
	监听接收状态信息事件	监听无线终端的接收状态信息事件
	监听用户的呼叫事件	监听呼叫信息
	设备状态查询	查询指定设备（包括无线终端、调度台等设备）的状态
系统管理	遥晕	遥晕一个无线终端
	唤醒	唤醒一个无线终端
	遥毙	遥闭一个无线终端
	查询终端状态	查询无线终端的状态
	缜密监听	缜密侦听一个无线终端
	遥感遥测状态控制	增加、删除、修改要控制的遥感遥测终端配置
	遥感遥测状态查询	查询遥感遥测状态
	终端参数配置	空口配置无线终端参数
位置信息服务（GPS/北斗）	单次查询	单次查询某无线终端的位置信息
	周期订阅	周期性订阅无线终端的位置信息
	周期订阅停止	停止订阅位置信息

7.5 统一定位

平台建立统一定位，整合各类终端和各类子系统的位置信息，提供统一格式的位置协议，增强现有信息处理中心的 AVPLS 中心，集中管理 PDT 终端定位信息、Tetra 定位信息及 GSM 车辆定位信息、规划建设 LTE 及其他各类终端和各类子系统的位置信息，提供统一格式的位置协议为其他定位需求提供数据服务和接口。

系统功能如下。

1. 定位数据

统一定位系统能接收 PDT 终端发送的 GPS 位置信息数据，并统一存储到信息处理中心数据库；

支持基站定位，当终端没有 GPS 卫星信号时，根据注册到的基站提供大致位置；

支持 PDT 终端活动轨迹回放等功能。

2. 数据分发

统一定位系统可根据业务需求，将数据实时分发到相关应用。

3. 控制指令

统一定位系统能通过 GPS 控制命令，以根据需要修改 PDT 终端定位信息的发送间隔和触发条件，为 GIS 等相关子系统提供 GPS 控制命令下发接口。

4. 触发方式

统一定位系统的触发方式包括时间触发、距离触发、时间和距离联合触发、终端状态触发等多种触发方式。

5. 上报频率

统一定位系统支持多种上报周期，并可以对终端上报周期单独设定，支持全网上报、部分上报、指定终端上报等多种上报方案。人员大规模集结和移动上报状态，需要系统提供上报保护机制。特定集中地点，根据各单位的特殊需求设置上报状态。在建筑物内终端无法获取 GPS 定位信息，此种状态不上报信息。手持终端和车载终端应能根据实际需求进行灵活设置。

6. 电子栅栏

统一定位系统可建立及维护 GIS 电子栅栏数据并建立对应规则，对超出或进入指定的栅栏区域的终端进行告警。

7. 统一协议

统一定位系统将公网三大运营商和 PDT 系统及其他系统提供的 GPS 传输协议转化成统一的协议格式。

统一解析定位终端的协议，包括数据标准化与校验，采用统一的 XML 协议提供 GPS 位置信息。

7.6 融合音/视频

融合音/视频通过各种有线网关和无线网关，将不同制式通信系统的语音和信令转换成标准的信令，在融合通信平台的服务器中进行语音、数据和信令的交换，实现跨系统互联互通功能。

具体实现要求如下。

（1）负责融合对接 PGIS、视频监控、视频会议等各式数据应用系统，给公安消防通信指挥系统提供统一的调度接口。

（2）负责融合对接各式通信系统和 PUC 的多级互联，给公安消防通信指挥系统提供统一的调度接口。

（3）负责融合对接 PDT 集群、Tetra 集群、IPPBX 等各式通信系统，给公安消防通信指挥系统提供统一的通信业务接口。

（4）支持双机主备功能，保障融合通信系统的稳定可靠。

（5）为公安消防通信指挥系统实现了与通信系统、数据支撑系统无关的丰富调度应用模式。

（6）负责与 PGIS 视频监控等业务的数据支撑系统进行对接，隔离应用系统的变化，保障数据业务系统对接扩展的灵活性。

7.6.1　与无线集群系统接入设计

针对深圳消防无线集群系统现状，融合通信平台需要与数字集群系统（PDT、TETRA）实现对接，具体对接设计说明如下。

1．现网 TETRA 数字集群系统接入

与 TETRA 集群系统的对接分为语音和数据两部分，语音业务采用 IPPBX 接入方式，数据业务采用 GPUC 数据网关接入信息处理中心，如图 7.5 所示。

2．现网 PDT 数字集群系统接入

正在建设的 PDT 数字集群系统，厂家提供相应的 API 接口，提供对应的配合工作，采用有线接入方式，如图 7.6 所示。

通过互联网关连接 PDT 数字集群控制服务器进行系统级对接，互联网关主要部署运行数字集群接入网关软件，将数字集群系统的语音、短信接入到指挥调度平台内。核心交换服务通过 IP 接入有线接入网关，再通过 IP 接入数字集群系统，通过数字集群系统的 API 实现个呼、组呼、监听、强插、强拆、文本短信等功能。

7.6.2　与公网有线电话系统接入设计

系统对公网有线电话系统的接入，主要与电话网关相连接，并可基于 PSTN 网络接入到公众移动电话网、移动卫星电话网络等，可以实现对固定电话、移动电话、卫星电话的互联互通及会议功能。

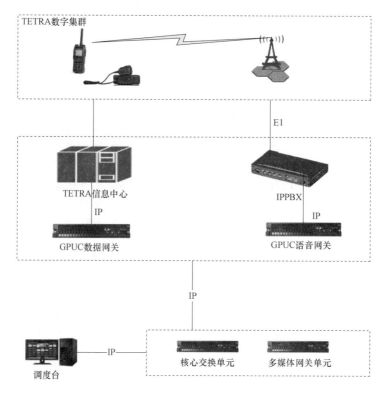

图 7.5　TETRA 系统接入示意图

图 7.6　数字集群系统有线接入示意图

电话网关可接入各种电信接口信令（No.1、No.7、PRI 等）和 VoIP、SIP 信令，完成呼叫的接续与控制。公网有线电话系统接入示意图如图 7.7 所示。

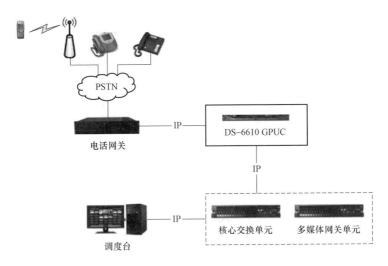

图 7.7　公网有线电话系统接入示意图

7.6.3　与短波电台接入设计

与短波电台对接时，采用无线接入方式实现。

系统对短波电台的无线接入是通过 DS-6610 MPUC/DS-6610 VPUC 连接短波电台，通过无线方式监听语音通信，将语音接入到指挥调度平台内，实现短波电台的语音呼叫功能，如图 7.8 所示。

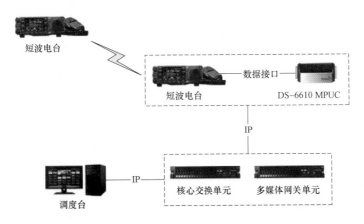

图 7.8　短波电台无线接入示意图

7.6.4　与 LTE 集群接入设计

通过融合通信平台完成 LTE 与 PDT、TETRA 系统之间的互联互通功能。接入 LTE 集群系统同样采用 IP 接入的方式，由集群系统提供商提供 API 接口，完成语音、图传、视频、短信、定位等 LTE 系统功能，如图 7.9 所示。

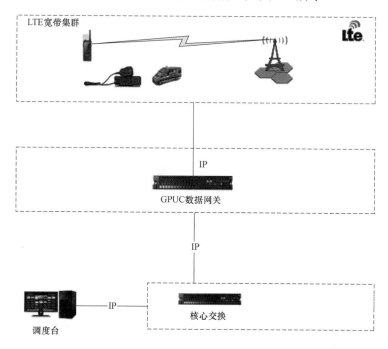

图 7.9　LTE 系统接入示意图

7.6.5　其他制式无线系统接入设计

针对其他无线通信系统，通过专用网关设备与无线系统空口对接，将无线通信系统的语音、数据接入到指挥调度平台内，如图 7.10 所示。

本方案对接网关设备选用"DS-6610 MPUC 无线接入网关"，该网关包含两路语音接入，支持通过终端对接方式实现专网系统无线互联功能。对接的空口设备采用车载台接入到无线系统中，通过车载台提供的 ADK 开发接口，将无线空口信令转换成扩展 SIP，并将语音 IP 化，通过 RTP（real-time transport protocol，实时传送协议）传输，并将语音和信令传送给融合通信平台，完成无线系统的语音和短信互通功能。

7.6.6　视频监控系统接入设计

融合通信平台支持与已建视频监控平台进行无缝对接，实现可视化调度指挥。视频监控系统主要有视频监控、卡口视频监控、340MB 无线图传系统等。

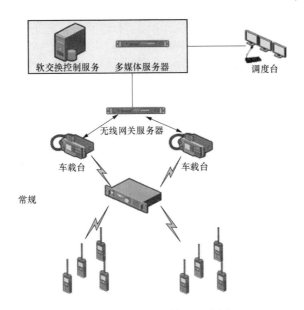

图 7.10 其他系统接入示意图

融合通信平台将与现有图像综合平台对接，通过公安信息网上的视频联网平台可调用视频专网内的视频监控、卡口监控等系统的图像信号。

融合通信平台和视频联网平台之间采用 GB/T 28281 扩展协议，在权限设置允许的条件下，能够控制对方的云台，对摄像头的实时视频进行访问，能对录像资料进行查询、下载、回放，并可实现录像回放进度控制。

1．视频监控系统接入

视频监控系统主要用于对道路、重点场所等地点的监控，重点在于对图像信息的集中管理和控制，将图像监控系统的监控信号接入融合通信平台中，可结合地理信息系统进行操作，通过在地图上的操作，即可监控到所需地点的实时监控图像，为指挥中心及时了解现场情况提供了第一手数据。

需要厂家提供相应的 API 接口及相关配合工作，平台支持多种厂家接入协议，如海康威视、三星、大华、SONY 等。

视频监控系统接入示意图如图 7.11 所示。

2．卡口视频监控系统接入

卡口视频监控系统可全天候对经过卡口的车辆进行实时记录和监测（包括车型、颜色、车牌号码、驾驶者及车内前排座的详细情况、时速等），将卡口视频监控系统的监控信号接入融合通信平台中，可结合地理信息系统进行操作，可在地图上实时监控现场情景，帮助指挥调度快速有效地掌握现场的最新信息。

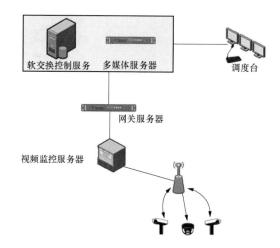

图 7.11　视频监控系统接入示意图

需要厂家提供相应的 API 接口及相关配合工作。

卡口视频监控系统接入示意图如图 7.12 所示。

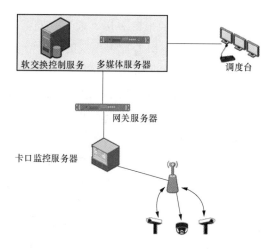

图 7.12　卡口视频监控系统接入示意图

3．无线图传系统接入

无线图传系统的图像传输链路主要采用公安 340MB 专网，无线图传主要用于前线单兵图像回传，融合通信平台通过与无线图传系统的对接，可以将现场单兵采集的图像信息直接显示到调度台上，结合有线无线调度系统可根据现场情况有效地做出调度决策。

需要厂家提供相应的 API 接口及相关配合工作。

无线图传系统接入示意图如图 7.13 所示。

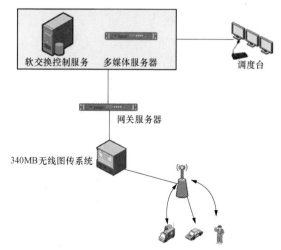

图 7.13　无线图传系统接入示意图

7.6.7　视频会议系统接入设计

融合通信平台支持与视频会议系统无缝对接，利用接入网关设备连接视频会议 MCU 的方式，实现语音及视频互通，双方终端能够共同召开音视频会议。

视频会议系统不具备软件视频会议功能，通过标准 SIP 协议 RFC 3621 接入公安信息网的基于 SIP 的视频会议系统中，实现语音的互通，且网关服务器注册到视频会议 MCU 上，调度台以模拟视频会议终端发起视频会议。

需要厂家提供相应的 API 接口及相关配合工作。

视频会议系统接入示意图如图 7.14 所示。

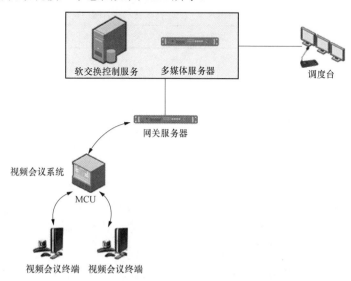

图 7.14　视频会议系统接入示意图

7.6.8 统一调度台接入 PGIS 系统设计

采用在线共享的方式，从 PGIS 系统获取地理信息（图层）、位置信息或卡口点位信息、镜头点位信息等，为视频侦查提供图上作战可视化支撑。公安智能化视频实战系统提供控制指令和图像监控软件。在电子地图上将所有监控点标注，并录入其唯一编码和名称，当在地图上点取监控点时，将视频监控控制信息和唯一编码传递到图像监控系统，图像监控系统自动切换到相应的视频。

7.6.9 音/视频联动接入设计

实现与数字录音系统、指挥调度录音系统及周边相关视频的自动截取、存储关联，为可视化接入、情报研判等应用系统提供支撑，其主要包括接口联动自动关联相关电话录音、数字集群通信指挥调度录音、周边实时视频监控、自动截取保存案发地前后设定时间内的历史视频；实时音/视频数据的接收与分发，统一视频数据的接收和分发；视频控制服务对接，即实现对视频的 PTZ 控制。

7.7 系统设备

整个系统由接入网关设备、中心服务设备、调度台 3 大部分组成，设备组成见表 7.4。

表 7.4   设 备 组 成

调度台	PC 调度台、IP 话机调度终端、移动调度 APP
中心设备	核心交换单元、多媒体网关单元、全网录音单元、网络管理单元
接入网关	车载型无线接入网关、迷你型无线接入网关、有线接入网关、电话网关

7.7.1 调度台

1. 桌面调度台

调度客户端是通信调度系统的主要业务呈现模块，调度终端具有图形化用户界面，操作员或指挥员可以通过安装在计算机上的调度界面，通过鼠标或触摸屏幕操作，方便地调度无线通信终端。

调度客户端通过呼叫控制中心提供的通信组件接口接入呼叫控制中心，通过通信组件同 ACD（automatic call distribution，自动呼叫分配）、IVR（interactive voice response，交互式话音应管）、短信服务、无线调度服务等服务进行交互，完成对各个通信终端的控制和联通工作。

调度客户端通过 IP 链路接入控制中心，对调度客户端来说，通信调度系统下的所有通信终端，无论是有线电话、350MB 模拟对讲机、350MB 数字对讲机、

800MB 数字对讲机、视频会议终端短波终端，对于调度客户端完全透明化，只是作为不同的号码存在于调度客户端的通讯录中。调度客户端可以利用通信组件提供的特有功能完成优先级呼叫、单呼、组呼、动态重组、监听、接收发送短信、强插、强拆、缜密监听等特有功能。

多插件面板图和语音呼叫界面如图 7.15 和图 7.16 所示。

图 7.15 多插件面板图

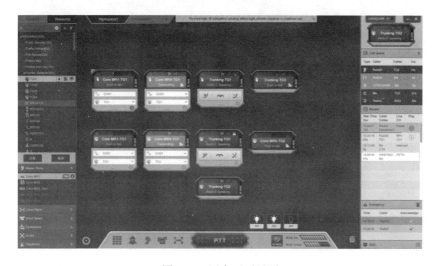

图 7.16 语音呼叫界面

2. IP 专用调度终端

基于 Android 平台的移动 IP 专用调度终端（图 7.17），可为用户提供灵活便捷

图 7.17　设备示意图

的指挥调度服务。其主要功能有语音调度功能、地图调度功能、短信调度功能、PTT 功能、号码管理功能。

3．移动 APP 应用

基于 Android 平台的手机 APP 应用（图 7.18），支持 Android 智能手机和平板，为用户提供灵活便捷的指挥调度服务。

可以通过手机加入集群对讲，与终端通信，支持 GIS 等多种应用。

图 7.18　APP 示意图

7.7.2　接入网关

1．DS-6610 VPUC 车载接入网关

DS-6610 VPUC（图 7.19）是指车载型无线接入网关，1U 上架式设计，支持 12 路语音接入，可实现多制式语音的互联互通功能。

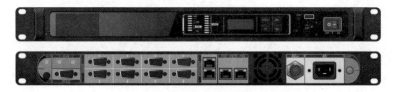

图 7.19　DS-6610 VPUC 设备

（1）支持 8 路终端接口：支持车载台或手持台接入，支持多种制式的终端接入，如模拟常规终端、模拟集群终端、数字常规终端、数字集群终端等。

（2）支持 2 路 PSTN 接入：1 路 FXO 口，1 路 FXS 口，通过该接口，可实现有无线系统的互联互通。

（3）支持 2 路 GSM 接入：插入 GSM 卡，支持 GSM 呼叫功能，可实现有无线系统的互联互通。

（4）支持 WiFi 热点功能：内置 WiFi 模块，移动设备（如笔记本式计算机、手机、平板等）可通过无线网络连接到网关设备，实现现场指挥调度功能。

（5）支持 LTE 模块：插入 LTE 卡，通过 LTE 网络，可与中心其他互联设备汇接，实现多系统的互联互通。

其技术参数指标如下。

（1）12 路接入：8 路车台；2 路 PSTN（1 路 FXO，1 路 FXS）；2 路 GSM。

（2）支持 WiFi AP 功能。

（3）支持 LTE 数据传输。

（4）以太网接口：2 个 RJ 45 接口，100/1000MB Base-T。

（5）电源：DC 输入为 12VDC，1.5A；AC 输入为 100～240VAC，50～60Hz。

（6）运行环境：−20～60℃。

（7）存储环境：−20～60℃。

（8）湿度：10～90%不凝结。

2．DS-6610 MPUC 便携接入网关

DS-6610 MPUC（图 7.20）是指迷你型无线接入网关，含 2 路语音接入，支持通过终端对接方式实现专网系统无线互联功能。

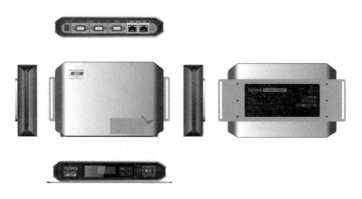

图 7.20　DS-6610 MPUC 设备

2 路语音接口，支持车载台或手持台接入，可接入多种制式终端设备，如模拟常规终端、模拟集群终端、数字常规终端、数字集群终端等。

支持 2 路网络互联接口，通过级联服务器（或核心交换服务），可与其他接入网关互联，实现多系统的互联互通。

其技术参数指标如下。

（1）2 路接入：2 路车台。

（2）以太网接口：2 个 RJ 45 接口，100/1000MB Base-T。

（3）电源：12VDC，1.5A。

（4）运行环境：0～40℃。

（5）存储环境：−10～60℃。

（6）湿度：10%～90%不凝结。

3．DS-6610 GPUC 服务器接入网关

DS-6610 GPUC 有线接入网关，采用服务器＋网关接入软件模式组成，支持系统间 IP 接入。服务器根据系统接入数量及并发呼叫数，划分为两档：并发呼叫数小于 50 路、并发呼叫数大于 50 路。

有线网关的接入方式如下。

1．专网 CSSI 接入

CSSI（console sub-system interface，专网通信子系统的调度开发接口）是专网无线通信系统为调度控制台开放的开发接口，可以通过此接口对无线通信系统的无线终端进行呼叫控制、短信控制、用户管理和其他管理功能。有线接入网关利用专网通信的调度控制接口，在接入侧模拟一个功能强大的调度台同无线系统的交换控制中心交互，在融合通信平台侧将对应专网系统的控制信令和语音转换成扩展 SIP 协议和标准的 RTP 协议，同位于系统中心的交换服务交互，完成多系统的语音和信令交换工作。利用 CSSI 接口实现的接入网关可以实现如下功能。

（1）针对单系统的调度功能，如单呼、组呼、优先级呼叫、强插、强拆、组短信、单呼短信、动态重组等。

（2）跨系统的组呼：可以和接入到融合通信平台的其他系统进行灵活的跨系统组呼，由配置界面设置跨系统派接组的成员组，当向跨系统派接组中的某个成员组发起呼叫时，所有被派接的成员组都会被呼叫起来，并有统一的控制语音和 PTT 话权。

（3）跨系统的组短信：可以和接入到融合通信平台的其他系统进行灵活的跨系统组短信，由配置界面设置跨系统派接组的成员组，当向跨系统派接组中的某个成员组发送短信时，所有被派接的成员组都会接收到这个组短信。

2．专网 ISSI 接入

ISSI（inter sub-system interface，专网通信子系统的系统间互联接口）是专网

无线通信系统为同其系统进行互联互通开放的开发接口，利用此种接口可以实现空口兼容的无线系统间的无线终端的漫游、移动性管理、呼叫、短信、用户管理功能。ISSI 有线接入网关利用专网通信的系统间互联接口，在接入侧模拟一个无线通信系统的交换中心同无线通信系统进行交互，在融合通信平台侧，将对应专网系统的控制信令和语音转换成扩展 SIP 协议和标准的 RTP 协议，同位于系统中心的交换服务交互，完成多系统的语音和信令交换工作。利用 ISSI 接口实现的接入网关可以实现的功能主要是为了实现无线对讲终端的跨系统使用，目前支持的系统是 DMR 常规系统和 DMR 集群系统（PDT）的无缝互联互通。其主要功能如下。

（1）对于空口兼容的无线系统，对讲终端的跨系统漫游功能。

（2）对于空口兼容的无线系统，对讲终端的跨系统单呼功能。

（3）对于空口兼容的无线系统，对讲终端的跨系统组呼功能。

（4）对于空口兼容的无线系统，对讲终端的跨系统组短信功能。

（5）对于空口兼容的无线系统，对讲终端的跨系统个呼短信功能。

7.7.3 电话网关

电话网关（图 7.21）实现传统电话网络接入到融合通信平台的功能，主要实现传统固定电话协议，如 ISDN PRI、E&M 四线、DSS1、一号信令等到标准 SIP 协议的转换，融合通信平台通过电话网关在电话接口侧，连接 PSTN、IP 电话、PABX 电话网络，在融合通信平台侧通过 SIP 协议同交换服务进行交互，将电话系统接入到融合通信平台进行统一控制和管理。

图 7.21 电话网关设备

7.7.4 中心设备

1．核心交换单元

核心交换单元是统一调度系统的核心部分，通过网关与原有无线通信系统相连进行数据和音频的交互，为指挥中心调度台提供集中接入服务，存储中心调度台调度产生的信息。其主要提供以下功能。

（1）调度员互通语音处理。

（2）会议管理。

（3）调度台的状态管理。

（4）调度台的鉴权和配置管理。

（5）系统接入设备的配置管理。

（6）各通信系统的接入状态管理。

（7）调度台发起的组呼信令代理。

（8）调度台发起的个呼信令代理。

（9）会议的建立。

（10）会议中 PTT 话权控制。

（11）电话本的管理。

（12）冗余热备支持。

（13）数据库访问代理。

（14）短信中间件。

（15）系统短信处理。

（16）短信交换。

2．多媒体网关单元

多媒体网关单元是指连接不同类型网络的单元，完成多个异构网络之间的信息（包括媒体信息和用于控制的信令信息）相互交换的设备，使一个网络的信息能够在另一个网络间传递，它负责信令网关、媒体网关和媒体服务器的管理和协调。

（1）信令信息/协议的转换功能：连接 No.7 信令网与 IP 网的互联互通设备，主要完成 PSTN/ISDN 侧的 No.7 信令与 IP 侧信令的转换功能，在 IP 网络和传统 PSTN 网络之间提供信令映射和代码转换功能，将电路交换的信令流分组化并在 IP 网络上传输，也可以反过来在 IP 网络去往 PSTN 的方向上执行信令的转换功能。

（2）媒体信息格式的转换功能：由于不同网络采用不同的话音编码算法，因此媒体网关需要支持多种话音编码算法，要支持现有通信系统采用的多种话音编码算法，如 G.711（PSTN）、G.723.1（IP 电话）、G.729A（IP 电话）、EFR（GSM）、AMR（3GPP）等，媒体网关通过采用多种话音编码算法，可以实现自适应 QoS 保障机制。例如，根据网络拓扑结构、动态负荷和链路状态的不同或变化，系统动态地调整所采用的话音编码算法，从而确保整个网络的 QoS 最优化。

（3）控制网关内部资源的功能：在控制设备（软交换设备、应用服务器）的控制下，提供在 IP 网络上实现各种业务所需的媒体资源功能，包括业务音提供、会议、IVR、通知、统一消息、高级语音业务等。

3．全网录音单元

全网录音服务基于系统级 IP 网络，采用 B/S 架构，可无遗漏地动态采集通过平台所有语音通话、短信、登记信息，其录音容量大、语音清晰，可为用户提供灵活可靠的录音服务。

全网录音服务能对系统包括组呼、个呼、紧急呼叫在内的所有呼叫进行录音、查询和管理，录音可按时间、使用者进行分类检索并回放，录音查询回放可以根据录音文件顺序回放，也可以只回放某一个用户在某一次呼叫过程中的所有讲话。全网录音服务支持多种录音存储格式，可转换为 MP3、WMA 格式，并可进行本地搜索查询及网络查询功能，方便用户使用。系统提供 200 路动态录音的功能（包括存储、检索和回放），存储时间大于等于 30×24h（存储时间根据所配置的存储阵列决定）。

4．网络管理单元

网络管理单元搜集整套系统内的各种设备、服务器、系统软件的运行状况、性能、告警信息等数据进行集中管理和分析，以设备网络拓扑图方式展示，提供声光报警和历史记录查询，如超过设定的过滤条件和阈值，则将该告警信息推送给设备维护人员。

网管服务采用标准的 SNMP 协议为标准，为方便系统的扩充，网管服务预留公安网内其他通信设备或系统软件的接口。

本系统提供多系统融合调度功能，调度的手段不仅仅限于专网终端，可调度的资源包括 PDT 集群终端、MPT 集群终端、模拟常规终端、数字常规终端、Tetra 集群终端、LTE 集群终端、公网电话、公安网 VoIP 电话、卫星电话、短波电台等，调度的功能包括个呼、组呼、组派接、全呼、广播呼叫、优先级呼叫、紧急呼叫、会议、并发呼叫、强插、强拆、呼叫转移、呼叫保持与恢复、呼叫提醒、监听、环境侦听等功能。

7.8 特色优势

1．软交换技术

软交换是指将呼叫控制功能从媒体网关（传输层）中分离出来，通过软件实现基本呼叫控制功能，从而实现呼叫传输与呼叫控制的分离，为控制、交换和软件可编程功能建立分离的平面。

软交换是多种逻辑功能实体的集合，它提供综合业务的呼叫控制、连接和部分业务功能，是下一代信息化网络中语音/数据/视频业务呼叫、控制、业务的核心设备，因此我们说软交换是传统电路交换的发展趋势，是下一代网络的核心设备之一。

2．实现 n 对 n 的跨系统组呼功能

传统车载台背靠背模式在一定层面上可以实现跨系统互联功能，如一个 PDT 集群车台与一个 TETRA 集群车台背靠背连接，可实现从 PDT 与 TETRA 的组呼互通功能。但这种背靠背技术组呼互通存在局限性：每个车台存在默认组，当 PDT 车台接收到组呼时只能从 TETRA 车台的默认组呼出，同样，当 TETRA 车台接收到组呼时也只能从 PDT 车台的默认组呼出，这是一种 n 对 1 的对应关系。背靠背模式仅能实现简单功能的组呼互通功能，像组短信互通功能均无法实现。

平台的无线网关设备（DS-6610 MPUC 和 DS-6610 VPUC）实现的车台互通功能更强大，不但支持组呼互通，还支持组短信互通功能。

统一通信无线网关设备通过内置的配置表，可设置组呼互通时的映射关系，如 PDT 集群的组 1、组 2、组 3 分别对应 TETRA 集群的组 1、组 2、组 3，当 PDT 集群车台接收到组呼呼叫后，自动根据组映射关系通过 TETRA 集群车台的对应组呼出，同样，当 TETRA 集群车台接收到组呼呼叫后自动根据组映射关系通过 PDT 集群车台的对应组呼出，实现的是 n 对 n 的组呼互通功能。

3．先进语音处理技术应用

专网无线通信系统为半双工模式，有线电话系统为全双工模式，有线无线融合通信首先需要解决的问题是，在半双工模式下话权分配的问题。最简单的方法就是通过有线电话的 DTMF（dual-tone multifrequency，双音多频）码实现：当话机申请话权是，按一下"*"键申请话权，释放话权时再按一下"#"键。这种模式虽然可以解决话权分配问题，但操作烦琐，用户体验差，无法实现"随需而通"。

在跨系统互联互通应用模式下，通信终端种类多样，各种终端语音信号电平高低不一致，造成跨系统通话时声音大小不一致（有的终端声音非常小，即使调到最大音量仍无法听清，有的终端声音又特别大），声音时大时小，沟通困难，用户体验非常差。

PUC 统一通信系统网关设备通过语音芯片技术，内嵌语音算法，可有效地解决上述问题。基于 DSP 芯片技术，低功耗、高性能，有效减小运算延时。

通过语音活动监测技术，可以实现话机终端说话时自动分配话权，有线终端和无线终端话权优先级可灵活配置。语音活动监测图如图 7.22 所示。

通过动态增益控制技术，在保持语音可懂度和清晰度的前提下，将不同通信设备语音调整到同一个水平，可有效提高用户体验。增益控制图如图 7.23 所示。

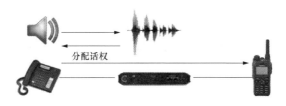

图 7.22 语音活动监测图

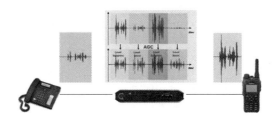

图 7.23 增益控制图

4．系统可扩展性强

软交换体系涉及的协议包括 SNMP、SIP、PRI、SCTP（stream control transmission protocol，流控制传输协议）、H.248、H.323 等。这些协议规范了整个软交换的研发，使设备从各厂家私有协议阶段进入到业界共同标准协议阶段，各厂家的设备之间互联互通成为可能，真正实现软交换产生的初衷，即提供一个标准、开放的系统结构，在基于各种不同技术、协议和设备的网络之间提供无缝的互操作性。

平台正是基于全 IP 化的软交换技术，使不同制式、不同网络的通信系统的互联互通成为现实，并可以轻松扩展应用。

5．通信透明化

融合通信平台以提升调度指挥业务为最终目的，结合通信的新特点，融合多个异构网络，多种媒体的通信，使通信透明化。通信透明化使上层应用有了统一接口标准而无须关注底层具体的通信集群类型，在引进新的通信系统时，只需按照统一标准进行网关适配即可，这样保证了整体架构的稳定性和标准性。

6．对外接口标准化

融合通信平台提供强大的开发 API 接口，各个二次开发厂家和最终用户都可以在开发接口的基础上开发出符合使用习惯和用户要求的专业化指挥调度系统，为上层应用程序的开发提供了最大限度的灵活性。

7．打破信息孤岛、融合通信、汇聚信息

通过融合通信技术，融合了多种集群系统，融合了内部电话会议、视频会议系统，使通信透明化；通过接入合一系统获取了关键的信息，深入到日常工作中去，采用最新科技的大数据挖掘和人工智能技术，有效地进行预判、研判、使调度业务智能化。通过通信的透明化和调度的智能化，大大提升了调度业务的效率和质量。

8. 智能语音网关，融合有线与无线通话

系统把专网集群通信语音和 PSTN 等有线电话语音通过先进的语音融合技术进行有效对接，解决了多年来无线调度和有线调度使用不同的设备进行调度的难题，解决有线调度和无线调度之间通话控制话权的难题，真正地通过智能语音网关实现了通信的透明化。

9. 支持 PDT 调度全国联网

融合通信平台全部服务支持 PDT 标准协议，支持实现各大信息系统与调度指挥系统间的融合通信与信息互通。

10. 崭新的"云调度"工作模式

融合通信平台拥抱新时代新技术，将指挥调度业务真正地前移到智能终端之上，并利用"云调度"的工作模式，带来崭新的调度工作理念，从此调度业务可以无论何时、无论何地都可以进行并且可以延续。

参 考 文 献

[1] 陈兆海. 应急通信系统 [M]. 北京：电子工业出版社，2012.

[2] 张雪丽，等. 应急通信新技术与系统应用 [M]. 北京：机械工业出版社，2010.

[3] 曹桂兴. 天地一体化应急通信发展建议 [C]. 2010 全国应急通信研讨会，2010.

[4] 李文峰，等. 现代应急通信技术 [M]. 西安：西安电子科技大学出版社，2007.

[5] 孙玉. 应急通信技术总体框架讨论 [M]. 北京：人民邮电出版社，2009.

[6] 冯烈丹，向军. 对未来应急通信发展的思考 [J]. 卫星与网络，2010（5）：42-44.

[7] 闵士权. 关于构建国家应急卫星通信网的思路 [J]. 航天器工程，2009，18（3）：1-7.

[8] 闵士权. 我国应急通信发展现状和展望 [J]. 数字通信世界，2010（9）：14-17.

[9] 李宾，王太峰，张艳. 浮空平台应急通信系统的应用 [J]. 中国新通信，2010（13）：24-26.

[10] 吕海寰，等. 卫星通信系统 [M]. 北京：人民邮电出版社，1994.

[11] 王秉钧，等. 现代卫星通信系统 [M]. 北京：电子工业出版社，2004.

[12] 余波. IPSTAR 宽带卫星通信系统及其在应急通信中应用 [J]. 通信与信息技术，2010（1）：81-84.

[13] 冯烈丹，向军. 动中通卫星天线的选择 [J]. 卫星与网络，2009（9）：40-42.

[14] 李伟坚，等. 应急卫星通信系统技术体制的优化选择 [J]. 卫星与网络，2012（z1）：66-71.

[15] 周熙，等. 改进型卫星 CFDAMA MAC 协议时延性能分析 [J]. 南京理工大学学报（自然科学版），2005，29（1）：77-80.

[16] Rappaport，T.S. 无线通信原理与应用 [M]. 周文安，等，译. 2 版. 北京：电子工业出版社，2012.

[17] 章坚武. 移动通信 [M]. 4 版. 西安：西安电子出版社，2013.

[18] 樊昌信，曹丽娜. 通信原理 [M]. 7 版. 北京：国防工业出版社，2012.

[19] 董海波，浅谈第三代移动通信的若干关键技术及发展方向 [J]. 中山大学学报（自然科学版），2003，42（s2）：145-148.